ブラウザだけで学べる

シゴトで役立つ
やさしいPython
入門

バ　イ　ソ　ン

掌田津耶乃 [著]

JN069688

マイナビ

誌面のプログラムについて

本書では、プログラムを以下のような形式で掲載しています。
「リストX-X-X」と左上に付いている場合は、実際に入力して実行しながら進めてください。また、行の右端に
が入る場合は、誌面上では改行されていますが、実際には「改行せずに」入力をしてください。改行してしま
うと、うまく動かない場合があります。

```
リスト7-2-1
01 import csv
02 fpath = './drive/My Drive/Colab Notebooks/サンプルスプレッドシート ⇥
   .csv'
```

本書のサポートサイト

本書のサンプルプログラム、補足情報、訂正情報などを掲載してあります。適宜ご参照ください。

https://book.mynavi.jp/supportsite/detail/9784839974183.html

はじめに

インストールなんていらない！

　「プログラムを書ける」は、今や「Excelが使える」「パワポでプレゼンできる」などと同じコンピュータの基本スキルとなりつつあります。だというのに、「プログラミングを学ぶ」ために超えなければならないハードルのなんと多いことでしょう。

　多くの人は、プログラミングを始める前に挫折します。必要なプログラムをインストールし、開発環境を整え、ツール類の使い方を覚え、ビルドと実行の方法を学び……一体、いつになったらプログラミングが始まるの？　そう思いながらも必死になって作業し、途中で「インストールに失敗」「開発環境のセットアップ不良」「開発ツールが難しすぎてわからない」「意味不明なエラー」「なぜか何かが動かない」「まるでわからない」といった次々と現れるハードルをクリアしていかなければ、「プログラミングを学ぶ」までたどり着かないのです。

　もう、いい加減、やめませんか？　こんな無駄な努力。

　Excelを学ぶなら、その前にやるべきことは「Excelを起動する」だけです。Excelが最初から入っているパソコンもたくさんありますし、そうしたパソコンでは他にやるべき作業なんてありません。プログラミングも、そうなればいいんです。

　本書では、Pythonというプログラミング言語を学んでいきます。これは初心者にとてもやさしい、使いやすくわかりやすく、そして覚えればすぐにでも仕事や研究に役立つ、スグレモノの言語です。

　そして、このPythonを学ぶために、あなたがやるべきことは「ブラウザを開いてアクセスする」だけです。インストール、いりません。セットアップ、いりません。開発環境、いりません。WindowsでもMacでもiPadでもChromebookでも、手近にあるデバイスでブラウザを開けば、その場でPythonを学び始めることができます。

　この方式なら、「会社のChromebookで昼休みに勉強した続きを家に帰ってiPadでやる」なんてことも普通にできます。「間違ったコードを実行してシステムが壊れた」「使ってるうちになにかの原因で動かなくなった」なんてこともありません。

　プログラムを実行するだけでなく、プログラムとドキュメントを組み合わせて業務や研究のレポートも簡単に作れます。作ったプログラムやレポートを共有したり、コメントを付けてディスカッションすることも簡単です。そして配布されたレポートにあるプログラムをその場で実行して自分で追試する……なんてこともできます。Pythonの学習だけでなく、覚えたPythonを日常の業務や研究にすぐさま活用できるのです。

　これ以上簡単にプログラミングを始め、実務に使えるようにできる道はない、といってもいいでしょう。後は……そう、「プログラミングを学ぶ」だけですよ。さあ、一緒に始めましょう、Python。

2020.8　掌田津耶乃

Contents

Chapter 3　Markdownでレポート作成しよう　061

Chapter 4　pandasでデータを集計しよう　087

Chapter 8　データベースを使おう　　193

Chapter 9　ネットワークアクセスしよう　　219

Chapter 10 マップを活用しよう   247

Chapter 1
Google Colaboratoryを使おう

この章のポイント
- Colaboratoryのセルでプログラムを動かせるようになろう
- 「ファイル」サイドバーの使い方を覚えよう
- ランタイムがどういう働きをするのか理解しよう

01 Pythonの学習環境

　これから、皆さんは「Pythonのプログラミング」についていろいろと学んでいくことになります。本書の読者は、プログラミングはまったく初めて、という人も多いでしょうから、「本当にできるのかな？」と少し怖い気持ちがあるかもしれません。しかし本書ではなるべく簡単にプログラミングができるように考えていますので、安心してくださいね。

　さて、実際にプログラミングの話に入る前に、「そもそもPythonの学習に必要な環境」について考えてみましょう。

　プログラミングが初めての方にはぴんとこないかもしれませんが、これまで、実は、「プログラミング言語の学習」といえば、どんな言語もやり方はたいてい同じでした。すなわち、「パソコンにプログラミング言語のソフトウェアをインストールし、テキストエディタなどでプログラムを書いて動かす」というやり方です。

　このやり方は、以前ならば当たり前のこととして受け入れられていました。しかし、今ではそうもいかなくなりつつあります。理由はいくつかあります。

●そもそもパソコンがない

　以前に比べ、「家にパソコンがない」という人は着実に増えています。考えてみれば、パソコンでやることのほとんどはスマホでできますから、「スマホがあればパソコンはいらない」と考える人が増えるのは当然かもしれません。

　また従来ならパソコンが必要だった作業も、iPadなどのタブレットで済ませる人も増えてきています。「どうしてもパソコンが家にないと……」という状況がなくなってきているのですから、持ってない人が増えるのも仕方ないでしょう。

●Chromebookの登場

　Googleが作ったオペレーティングシステム (OS) を搭載したパソコン「Chromebook」は、学生や企業を中心に日本でも広まりつつあります。Chromebookは、Google Chrome (グーグル クローム、以下Chrome) というWebブラウザでWebアプリを使って様々な作業を行います。が、Windows用やmacOS用のソフトウェアは動きません。そうすると、プログラミング言語のソフトウェアもインストールできません。「パソコンなのに、パソコン用のソフトがないパソコン」のシェアが広がりつつあるのです。

● **ソフトをインストールできない**

　昨今、パソコンのセキュリティはかなり厳しくなってきており、仕事などで使う環境では不必要なソフトはインストールできなくなっている企業や学校も増えています。また「プログラムのインストールやセットアップは難しそう」ということで、パソコンはあってもプログラミングを始められないでいる、という人も多いでしょう。

そこで、Colaboratory！

　しかし、「プログラミングを学びたい」という需要は現在、日に日に高まっています。しかし、プログラミングのできないPC環境もまた広まりつつある。このジレンマから抜け出す道はないのでしょうか。

　実は、あります。それは「Webでプログラミングする」のです。現在、多くのアプリがWebベースに移行しています。Webブラウザならば、パソコンでもChromebookでもスマホでもタブレットでも、すべて使えます。Webブラウザならば、どんな環境でも使えるのです。

　「Pythonのプログラミングを学ぶ」ということ。そして、「Webブラウザでプログラミングする」ということ。この2つを実現する最適な環境が実はあるのです。それが「Google Colaboratory（グーグル コラボラトリー）」です。

Google Chromeをインストールしておこう

　次の節からColaboratoryを使っていきますが、ColaboratoryはChromeというWebブラウザを使うことが推奨されています。
　もしパソコンにChromeが入っていない場合は、以下からインストールしておきましょう。

https://www.google.com/intl/ja_jp/chrome/

図1-1-1　「Chromeをダウンロード」をクリック

02 Colaboratoryとは?

　Google Colaboratory（以下、Colaboratoryと略）は、Googleが提供する
Pythonの実行環境です。これはWebアプリケーションとして提供されており、誰
でもWebブラウザでサイトにアクセスするだけで使うことができます。

　Webベースであるため、ソフトウェアのインストールなどは一切不要です。ただ
サイトにアクセスするだけですから、プログラミングを始めるための面倒な作業な
どは何もありません。

　また、ColaboratoryのデータはGoogleドライブに保管できるため、どんな環
境でもGoogleアカウントでログインしていれば同じ環境で作業が進められます。
「会社で行った作業を、家に帰って自宅のiPadで続きを行う」などということも簡
単にできるのです。

　このColaboratoryは、「Jupyter Notebook（ジュピター ノートブック）」とい
うPythonの実行環境をベースに作られています。Jupyter Notebookは、Python
の実行だけでなくMarkdown（マークダウン）というものを使ってレポートを作成し
たりすることもでき、学生や研究者、社会人などの間で絶大な人気があります。こ
の環境が手軽に使えるのですから、Pythonを学ぶなら利用しない手はありません。

対応環境

　Colaboratoryの利用は、GoogleとしてはChrome（P.003参照）の利用を推奨
しています。Chromeが動作する環境であれば、パソコン、Chromebook、スマー
トフォン、タブレット、どのような環境でも一通り動作します。パソコン（Windows、
macOS、Linux）の場合、Chrome以外のWebブラウザでも、Firefox、Edge、
Safariなどメジャーなものの最新版ならば一通り対応しています。が、特別な理由
がない限りは推奨環境であるChromeを利用するのが良いでしょう。

Colaboratoryにアクセスしよう

　では、実際にColaboratoryを使ってみましょう。Chromeを起動し、Googleのア
カウントでログインしていることを確認してから以下のアドレスにアクセスしてく
ださい。

https://colab.research.google.com

　アクセスすると、自動的にファイルを選択するパネルが現れます。デフォルトでは、ここに「Colaboratory へようこそ」という項目が表示されます。これは、Colaboratoryの説明が記述されている、Colaboratoryのファイルです。

図1-2-1　Colaboratoryのサイトにアクセスすると、このように表示される

💡 Googleでログインしていないと？

　Googleアカウントでログインしていない状態でアクセスすると、「Colaboratory へようこそ」というノートブック（Colaboratoryのファイル）が開かれた状態で表示されます（**図1-2-2**）。右上の「ログイン」ボタンをクリックし、Googleアカウントでログインしてください。これで**図1-2-1**のファイル選択のパネルが現れ、新しいファイルなどが作成できるようになります。

図1-2-2　Googleアカウントでログインしていないと**図1-2-1**のパネルが現れない

03 Colaboratoryの表示構成

　では、**図1-2-1**のパネルの下部に見える「ノートブックを新規作成」というリンクをクリックしてください。または、左上の「ファイル」メニューから「ノートブックを新規作成」をクリックします。すると、Colaboratoryの新しいファイルが作成されます。

　Colaboratoryでは、ファイルのことを「ノートブック」と呼んでいます。このノートブックは、GoogleドキュメントやGoogleスプレッドシートなどと同じような画面構成になっています。一番上にファイル名が表示され、その下にメニューが横に並びます。そしてその下にドキュメントの内容が表示される、というスタイルです。

　ドキュメントの部分には、左端に再生のアイコン（●）が表示された細長いエリアが見えるでしょう。これが、Pythonのプログラムを記述するエリア（❺の「セル」といいます）になります。

　ウインドウ内の表示について簡単に整理しておきましょう。といっても、今ここですべての使い方を覚える必要はありませんよ。それぞれがどういう働きをするのかざっと目を通しておこう、ということです。

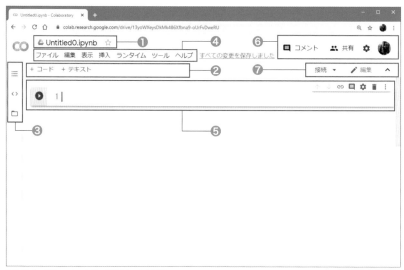

図1-3-1　新しいノートブックを開いたところ

❶ファイル名

ノートブックのファイル名です。ファイル名はここをクリックして変更できます。

❷セルの作成

Pythonのプログラムなどを作成するエリア（セル）を新たに作成します。

❸サイドバーの表示

ノートブックの構成や利用できるファイル、スニペット（よく使うPythonのプログラム）などを表示するサイドバーを呼び出します。

❹メニューバー

Colaboratoryの機能をまとめたメニューバーです。

❺セル

Pythonのプログラムを書いて実行するエリアです。❷を使っていくつも作ることができます。

❻コメント・共有・設定

コメントの表示やノートブックの共有、Colaboratoryの設定などを呼び出します。

❼ランタイム接続

Pythonの実行環境へ接続します。またノートブックのモード（見るだけか、編集できるかなど）を表示します。

04 Pythonを動かそう!

　では、実際にPythonのプログラムを書いて動かしてみましょう。Colaboratory
では、Pythonのプログラムを書くエリアは「セル」と呼ばれます。デフォルトでは、
1つのセルだけが用意されていますね。

　このセルをクリックし、次のプログラムを記入してください（プログラムの意味は、
今は深く考えないでください）。

> **入力時の注意**
> 　プログラムは、掲載したリストの内、日本語の文字以外の部分（英数字や記号、スペースなど）
> は基本的にすべて半角で書くようにしてください。

リスト1-4-1

```
01  print("Hello, Python!")
02  print("ようこそ、Colaboratoryへ！")
```

　記述したら、セルの左側にある「セルを実行」アイコン（●）をクリックしてくだ
さい。これで、セルに記述したPythonプログラムが実行されます。

図1-4-1　実行すると下にテキストが表示される

　実行すると、セルの下に「Hello, Python!」「ようこそ、Colaboratoryへ！」と
テキストが表示されます。これが、プログラムの実行結果です。プログラムを実行
し何かを出力するときは、このようにそのセルの下にあるエリアに書き出されます。
上の**リスト1-4-1**は、こういうメッセージを出力するプログラムだったのです。

　Colaboratoryの基本的な使い方は、これだけです。「セルにプログラムを書き、
実行する」というだけ。これができれば、もう「ColaboratoryでPythonを学ぶ」
ことができるようになります。

05 新しいセルで実行しよう

では、新しいプログラムを書いて動かしてみましょう。

こういうとき、Colaboratoryに慣れていないと、つい「書いたプログラムを消して書く」と考えてしまいがちです。が、Colaboratoryの良いところは、「すべてのプログラムを残しておける」点にあります。

ウインドウの上部に「＋コード」という表示がありますね？ これをクリックしてください。すると、今、実行したセルの下に新しいセルが追加されます。

あるいは、実行して結果が表示されているエリアの中央下部にマウスポインタを持っていくと、やはり「＋コード」というボタンがポップアップして現れます。こちらをクリックしても同じ働きをします。

図1-5-1　「＋コード」をクリックすると、新しいセルが作られる

この新しいセルに、簡単なプログラムを書いて動かしてみましょう。次のリストを記入し、「セルを実行」アイコン（●）をクリックして実行してみてください。ここでも、「税込価格は」以外はすべて半角で入力してください。Chapter 2で詳しく説明しますが、「*」はかけ算を意味する記号です。

リスト1-5-1

```
01  kakaku = 123400 * 1.1
02  print('税込価格は、' + str(kakaku))
```

新しいセルの実行結果が、そのセルの下に表示されます（**図1-5-2**）。

図1-5-2　プログラムを実行する

　こんな具合に、「新しくセルを作ってはプログラムを書いて実行する」を繰り返していけるのです。

前のセルをまた実行する

　では、最初にプログラムを書いたセルをクリックしてみましょう。すると、そのセルが選択され、編集できるようになります。左側の「セルを実行」アイコン（▶）をクリックすれば、このセルのプログラムを再び実行できます。

　セルを書き換えて実行しても、その他のセルには何も影響は与えません。

　Colaboratoryは、それぞれのセルごとに独立してプログラムを編集し実行できるのですね。

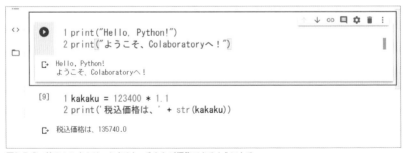

図1-5-3　前のセルをクリックすると、そちらが編集できるようになる

06 セルのアイコンについて

　セルをクリックして選択すると、右上にアイコンが並んだバーが表示されます（**図1-6-1**）。

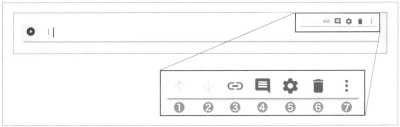

図1-6-1　セルに表示されるアイコン類

　このバーは、セルの操作に関する機能をまとめたものです。左から順にアイコンの働きをまとめておきましょう。

アイコン	説明
❶ セルを上に移動	このセルを上に移動（上のセルと入れ替える）
❷ セルを下に移動	このセルを下に移動（下のセルと入れ替える）
❸ セルにリンク	セルにリンクされたURLを表示する
❹ コメントを追加	セルにコメントを追加する
❺ エディタ設定を開く	ノートブックに関する設定画面を呼び出す
❻ セルの削除	このセルを削除する
❼ その他のセル操作	セルのカットやコピー、実行結果の出力の消去、フォームの追加など

07 ノートブックを保存しよう

デフォルトでは、ノートブックには適当なファイル名が設定されています。本格的にノートブックを使うならば、きちんと名前をつけておきましょう。

ウインドウ上部のファイル名の部分をクリックすると、ファイル名が直接編集できるようになります。ここで名前を記入しましょう。ここでは「サンプルブック」としておくことにします。

ファイル名を設定したら、後は「ファイル」メニューの「保存」を選べばすぐにファイルが保存されます。実は、Colaboratoryではファイルは自動で保存されるようになっていますので、少し時間が経てば自動で保存されます。

図1-7-1　ファイル名を「サンプルブック」と書き換える

☀ Googleドライブを開く

では、続いて、保存したファイルがどこにあるかを確認してみましょう。ファイル名を設定し保存をしたら、Googleドライブにアクセスしましょう。Googleドライブは、使ったことはありますか？ これは、Googleの各種ファイルを作成し保管しておくクラウド上のドライブですね。Chromeでは、タブやウインドウの右上にログインユーザーのアイコンが表示され、その左側にある「Googleアプリ」のアイコン (⦂⦂⦂) をクリックすると、Googleのサービスがアイコンで一覧表示されます。ここから「ドライブ」アイコンをクリックすると、Googleドライブにアクセスできます（あるいは、直接、https://drive.google.com/ にアクセスしてもかまいません）。

図1-7-2　「Googleアプリ」アイコンから「ドライブ」を選択する

💡「Colab Notebooks」フォルダをチェック！

　Googleドライブにアクセスしてみると、「Colab Notebooks」というフォルダが作成されていることに気がつくでしょう。このフォルダの中を見ると、「サンプルブック」というファイルが保存されています。これが、Colaboratoryで作ったノートブックのファイルです。

　このように、Colaboratoryで作成したノートブックは、Googleドライブの「Colab Notebooks」フォルダに自動的に保存されます。そして、ノートブックのファイルを右クリックし、現れたメニューから「アプリケーション」内の「Google Colaboratory」を選ぶと、Colaboratoryで開いて利用できます。

図1-7-3　Googleドライブで、ノートブックを右クリックし、「Google Colaboratory」を選んで開く

💡 Colaboratoryの最大の利点はココ！

　保存されたノートブックには、書かれたプログラムだけでなく、実行結果もそのまま保存されます。つまり、プログラムとその実行結果をずっと記録しておき、いつでも見ることができるのです。

　また、セルに記述したプログラムはいつでもその場で再実行することができます。Colaboratoryのノートブックは、ただ「プログラムと実行結果を保存していつでも見られる」というだけでなく、「いつでもそのプログラムを再実行して動作確認ができる」のですね。これこそが、Colaboratoryの大きな特徴です。

08 「ファイル」サイドバーを利用する

Colaboratoryのノートブックには、「サイドバー」と呼ばれる表示が用意されています。これは、ノートブックで使えるツールのようなものです。ウインドウの左端に、縦にいくつかのアイコンが並んでいますね？ これらがサイドバーです。これらのアイコンをクリックすると、そのサイドバーが開かれます。

では、サイドバーの上から3つ目のアイコン（□）をクリックしてみてください。これは「ファイル」サイドバーを開くためのものです。

「ファイル」サイドバーは、ファイル管理をするためのものです。ここでは、Colaboratoryに割り当てられているサーバー上のフォルダの内容が表示されます。クリックすると、「ファイルのブラウジングを有効にするには、ランタイムに接続してください」というメッセージが出ることがありますが、しばらく待つと、フォルダが表示されます。これは「セッションストレージ」と呼ばれるもので、セッション（Colaboratoryのサーバーとノートブックとの接続のことです）ごとに割り当てられるディスクスペースです。このセッションストレージは開いているノートブックごとに割り当てられ、ノートブックで利用するファイルなどをここに用意できます。

図1-8-1 「ファイル」サイドバーで、ノートブックのホームディレクトリの内容が表示される

💡 デフォルトのセッションストレージ

デフォルトでは「..」「sample_data」という2つのフォルダが表示されているでしょう。これが、このノートブックのホームディレクトリ（デフォルトで設定されているフォルダ）の内容です。本書ではこの2つのフォルダを使うことはありませんが、念のため説明しておきましょう。

「..」というフォルダは、上の階層に移動するためのものです。これはすべてのフォルダ内に用意されています。これを選択することで、そのフォルダを抜けて外に移動できます。

「sample_data」フォルダは、サンプルとしてデフォルトで用意されているフォルダです。この中には、機械学習で利用するサンプルデータファイルが用意されています。

Colaboratoryでは、ファイルからデータを読み込んだり、処理したデータをファイルに書き出したりすることもあります。こうしたときは、このホームディレクトリにファイルを用意したり、ここにファイルを書き出したりします。「ファイル」サイドバーは、ノートブックで利用するファイルを管理するために用意されたツールなのです。

UIは変化する！

なお、ColaboratoryはWebアプリケーションであり、常にアップデートされ続けています。このため、表示や操作のUIも、皆さんが利用するときには本書の記述や図と違っている可能性もあります。

本書執筆時点（2020年6月）でも、Googleアカウントによっては、図1-8-1のようなアイコンを表示したタイプの他に、テキストのボタンが表示されるタイプのUI（図1-8-2）も確認されています。

図1-8-2　ボタン方式のインターフェイス。表示は違うが用意される機能は同じだ

ただ、表示は変わっても、用意される機能はだいたい同じものが揃っています（新しい機能が追加されることはありますが）。ですから、表示が違っても、「同じ機能を実行するUIがあるはずだ」と考えて、それを探して実行するようにしてください。

ファイルをアップロードする

では、ファイルをホームディレクトリにアップロードしてみましょう。簡単なテキストファイルを用意してください。内容は何でも構いません。ファイル名は「sample.txt」としておきましょう。本書のサポートサイトからもダウンロードできます。

図1-8-3　sample.txtというファイルを作成する

「ファイル」サイドバーの上部にある「セッションストレージにアップロード」というアイコンをクリックしてください。ファイルを選択するダイアログが開かれるので、作成したsample.txtを選択します。「注: アップロードしたファイルはランタイムのリサイクル時に削除されます」というアラートが表示されるので、そのままOKをクリックすると、ファイルがホームディレクトリにアップロードされます。

図1-8-4 アイコンをクリックしてファイルを選ぶと、そのファイルがホームディレクトリにアップロードされる

ドラッグ&ドロップでも可能!

実は、ファイルアップロードはもっと簡単なやり方があります。それは、「ファイル」サイドバーにファイルのアイコンをドラッグ&ドロップするのです。

「ファイル」サイドバーの上までファイルをドラッグすると、エリアの下部に「ファイルをセッションストレージにアップロードするには、ここにドロップしてください」という表示が現れます。

そのままファイルをドロップすると、ファイルがアップロードされます。

こちらのやり方のほうが、アイコンをクリックするより直感的で使いやすいでしょう。

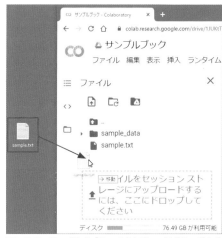

図1-8-5　ファイルを「ファイル」ビューにドラッグすると、このように表示される。そのままドロップすればアップロードされる

💡 ファイルを表示する

アップロードされたsample.txtをダブルクリックしてみましょう。ウインドウの右側に新しいエリアが開かれ、ファイルの内容が表示されます。これは簡易エディタになっており、その場でテキストを編集することができます。

図1-8-6　ファイルをダブルクリックすると右側に開かれたエリアに内容が表示される

このエディタの右上にあるアイコン（▥）を使うと、レイアウトを変更できます。アイコンをクリックすると、レイアウト方式を表すアイコンがポップアップして現れます。そこから一番下のアイコンを選択すると、エディタをノートブックと同じエリアに配置し、タブを使って切り替えられるようになります。作成したファイルを編集する場合は、このレイアウトのほうが広く表示されて便利でしょう。

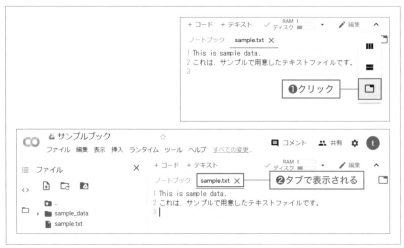

図1-8-7　レイアウトのアイコンを使ってタブ切り替え方式のレイアウトに変更できる

09 Googleドライブを利用する

　Colaboratoryは、Googleドライブと密接に連携しています。Googleドライブをノートブックのホームディレクトリにマウントし、直接Googleドライブのファイルを開いたり、Googleドライブにファイルを保存することもできるのです。ただし、そのためには、Googleドライブを「ファイル」サイドバーのホームディレクトリにマウントしておく必要があります。

　「ファイル」サイドバーの上部に「Driveをマウント」というアイコン（）があります。これをクリックしてください。「このノートブックにGoogleドライブのファイルへのアクセスを許可しますか」というアラートが表示されます。ここで「GOOGLEドライブに接続」ボタンを選択すると、Googleドライブに接続をします。場合によっては、この後、Googleアカウントによるログインを求められることもあります。

図1-9-1　「Driveをマウント」アイコンをクリックすると、アクセス許可のアラートが現れる。「GOOGLEドライブに接続」ボタンを選ぶと、Googleアカウントのログインを求められる

💡「drive」フォルダにマウントする！

　Googleドライブのボリュームがホームディレクトリの「drive」フォルダに接続されます。これを開くと「MyDrive」というフォルダがあり、その中にGoogleドライブの中身がすべて表示されます。この中にあるファイル類は、そのままノートブックのプログラムから利用することができます。

　接続を解除する場合は、「ファイル」サイドバーの「ドライブのマウントを解除」（🚫）をクリックします（※なお、このあたりのインターフェイスは結構頻繁に変更されているようで、皆さんがこの本を読んでいる時点で、本書執筆時と表示が変わっている可能性もあります。表示が変わっても、機能的には同じものが用意されているはずですから、表示されているUIから相当するものを探して実行しましょう）。

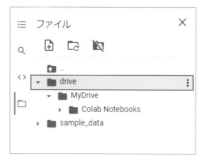

図1-9-2　「drive」が、マウントしたGoogleドライブ。この中に「MyDrive」フォルダがあり、その中にGoogleドライブの中身が表示される

💡 マウントされない場合は？

　作成したノートブックを開いたときなどで、稀にGoogleドライブがうまくマウントされないことがあります。このような場合は、代わりに以下のような内容のセルが追加されます。

リスト1-9-1

```
01  from google.colab import drive
02  drive.mount('/content/drive')
```

　これを実行すると、Googleドライブがマウントされ使えるようになります。Googleドライブのマウントは、このようにPythonのプログラムを実行して行うこともできます。いざというときのために、「こういうこともできる」ということは知っておきましょう。

10 ランタイムについて

　しばらくColaboratoryを使っていると、突然、画面に「ランタイムの切断」というアラートが表示されることがあります。この表示が現れると、せっかくアップロードしたファイルなどがセッションストレージからきれいサッパリ消えてしまっているのに気がつくでしょう。

　これは、ノートブックが利用する「ランタイム」との接続が切れ、初期化されたために起こる問題です。Colaboratoryは大変便利なツールですが、唯一ともいえる欠点が、この「ランタイムとの接続」なのです。

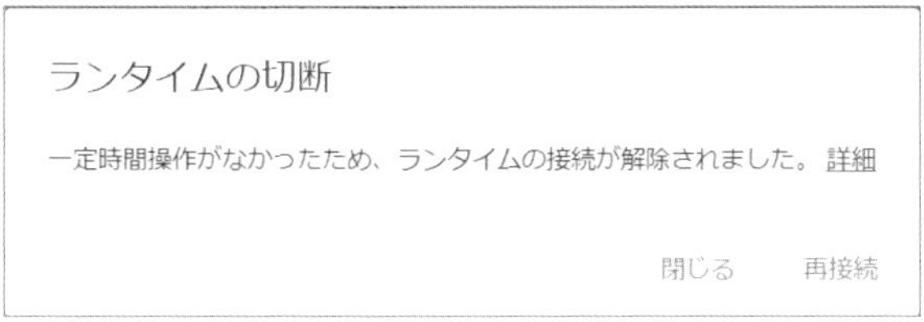

ランタイムの切断

一定時間操作がなかったため、ランタイムの接続が解除されました。詳細

閉じる　　再接続

図1-10-1　一定時間、使わずにいるとこのようなアラートが表示される

💡 ランタイムとの接続は最大で12時間！

　「ランタイム」というのは、Colaboratoryのサーバーに用意されている「ノートブックの実行環境」です。Colaboratoryは、サーバー側にPythonのプログラムを実行するエンジンプログラムが用意されており、ノートブックからこのエンジンプログラムに接続して動いています。このエンジン部分が「ランタイム」です。

　プログラムを実行するときも、ノートブックからサーバーのランタイムにプログラムを送信し、サーバー側でPythonのプログラムを実行して、その実行結果を再びノートブックに返送し結果として表示する――といったことを行っているのです。

　このランタイムは、ノートブックごとに割り当てられます。ということは、Colaboratoryのサーバーでは、膨大な数のランタイムが生成され使われていることになります。これはサーバーにとって相当な負担になります。

　そこで、Colaboratoryでは、一定時間が経過すると自動的にランタイムを終了するようになっているのです。その時間が、最大12時間です。つまり、ノートブックを開いて12時間経過すると自動的にランタイムが終了し、一時的にノートブックは使えなくなります。

これは最大の接続時間ですから、もっと短時間で切れることもあります。何もしないでノートブックを開いたまま放置していると1時間程度で接続が切られてしまうでしょう。

アラートが表示されたら、「再接続」をクリックすれば、すぐに新しいランタイムが作成され接続され、再びノートブックが使えるようになります。ただし、ランタイムが終了すると、（また新しいランタイムに接続できたとしても）いろいろ問題が発生してしまいます。簡単にまとめると次のようなことです。

セッションストレージが初期化される

「ファイル」ビューで表示されるセッションストレージも、ランタイムごとに用意されます。このため、ランタイムが終了すると、そこにアップロードしたファイルも消えてしまいます。新しいランタイムでは、セッションストレージも初期状態になっていますから、またファイルをアップロードし直す必要があります。

この問題を回避する方法は、「Googleドライブにファイルを保存する」ことです。Googleドライブに保存し、そのファイルを使用するようにすれば、そのファイルはノートブック終了後も保存されたままになります。新たにノートブックを開いたり、ランタイムが再起動した場合も、Googleドライブをマウントすればすぐにまたファイルを利用できるようになります。Googleドライブのファイルを利用する方法は、Chapter 6で詳しく説明します。

保管された変数が消去される

ノートブックでプログラムを実行すると、作成された変数（Chapter 2-3を参照）などはすべてランタイムに保管されます。プログラムを実行して作られた変数は、その後もずっと記憶しており、いつでも使えるようになっているのです。ランタイムに記憶されていますから、作った変数はノートブック全体で共有することができます。あるセルで変数を作成すると、別のセルでもその変数が使えるようになるのです。

が、これらセッションに保管されている変数も、ランタイムが終了するとそのまま消えてしまいます。これは、回避方法は残念ながらありません。またプログラムを実行して変数を作成するしかありません。「ランタイム」メニューから「すべてのセルを実行」を選ぶとノートブックの全セルをすべて実行できます。

💡 ランタイムの接続

　接続されているランタイムの状態は、ノートブックの右上あたりに見える「RAM」「ディスク」という表示部分でわかります。ここで、ランタイムがどのぐらいメモリやディスクを消費しているかが視覚的にチェックできます。

　また、この部分の▼をクリックすると、メニューがプルダウンして現れます。ここで「ホスト型ランタイムに接続」を選ぶことで、ランタイムに再接続できます。ランタイムを初期状態に戻して作業をしたいときは便利ですね。

図1-10-2　ランタイムの状態確認や再接続などを管理できる

　このメニューにある「セッションの管理」を選ぶと、現在使われているセッションが一覧リストで表示されます。複数のノートブックを開いて使っているような場合は、ここでセッションを調べ、不要なものを終了するなどの操作が行えます。

図1-10-3　「セッションの管理」メニューで表示される。不要なセッションを終了できる

11 エディタの設定について

　Colaboratoryはデフォルトで使いやすく作られていますが、人によってはカスタマイズが必要かもしれません。例えば、テキストをもう少し大きくしたいとか、ダークモード（黒字に白い文字）で使いたいとかですね。

　Colaboratoryの設定は、ウインドウの右上に見える歯車アイコンをクリックして行います。これをクリックすると、設定のためのダイアログが現れます。

図1-11-1　歯車のアイコンをクリックすると設定ダイアログが呼び出される

「サイト」の設定

　設定ダイアログは、左側に設定の項目があり、ここで項目を選択するとその設定内容が表示されるようになっています。

　設定を呼び出すと、最初に表示されるのは「サイト」という設定です。これは、Colaboratoryのサイトに用意されている基本的な設定です。ここでは、一番上の「テーマ」という項目だけ覚えておきましょう。これは、テーマを切り替えるものです。「light」ではライトテーマ（白地に黒いテキスト）、「dark」にするとダークテーマ（黒字に白いテキスト）で表示されます。

図1-11-2　「サイト」の設定。「テーマ」でライトテーマとダークテーマを切り替えできる

図1-11-3　ダークテーマで表示するとこうなる

💡「エディタ」の設定

　左側にある設定項目から「エディタ」を選択すると、セルの編集環境に関する設定が現れます。ここでは、右の項目だけ頭に入れておくと良いでしょう。

　これらは、どのように設定しても動作に問題が起こるようなことはありません。自分が使いやすい状態に設定しておきましょう。

フォント	エディタのフォントサイズを設定します。
インデント幅	Pythonのインデント（文の始まり位置を右にずらすこと）を指定するものです。例えば「2」を設定すると、半角スペース2文字をインデントの幅として使います。
コード入力時の候補を自動的に表示する	プログラムを書いているとき、候補となるPythonの命令などをポップアップ表示します。
行番号を表示	セルのプログラムの左側に行番号を表示します。
インデントガイドの表示	インデントの位置がわかるように表示をします。
エディタでコードの折りたたみを可能にする	構文ごとにプログラムを折りたたんで非表示にする機能です。

図1-11-4　「エディタ」の設定。自分が使いやすいように変更して構わない

12 ノートブックを 他のアプリで利用するには

　作成したノートブックのデータを他のアプリなどで利用したい場合はどうすれば
いいのでしょうか。

　これは、ノートブックのファイルをダウンロードして利用することになります。
ノートブックの「ファイル」メニューからメニューを選ぶことでノートブックをファ
イルでダウンロードできます。用意されているメニューは以下の2つがあります。

- **.ipynbをダウンロード**──これは、「Jupyter Notebook」（ジュピターノート
  ブック）というPythonのプログラムで使われるファイルです。Colaboratoryの
  ベースとなるプログラムで、Colaboratoryとほぼ同じ機能を持っています。
- **.pyをダウンロード**──ノートブックをPythonのプログラムファイルとしてダ
  ウンロードします。

　.ipynbは、Jupyter Notebookを利用している人向けのものですので、通常は.py
でダウンロードすることになります。ダウンロードしたファイルをテキストエディ
タなどで開き、その中身をコピー＆ペーストして利用すればいいでしょう。

　ファイルでは、Pythonのプログラムを書いたセルの内容はそのまま書き出され
ますが、テキストなどのセルはPythonのコメントとして書き出されます。

　Colaboratoryで作成したものを完璧に保管できるわけではありません。失われ
る部分もある、ということは頭に入れておきましょう。

Googleドライブでノートブックが開けない!?

　Googleドライブで、保存してあるノートブックをダブルクリックすると、「プレビューできま
せん」という表示が現れてしまった、という人も多いことでしょう。これは、Googleドライブ
にまだColaboratoryのアプリが接続されていないためです。その下の「接続済みのアプリ」
というところにある「Google Colaboratory」をクリックするとノートブックを開けます。

　ノートブックをダブルクリックして開けるようにしたい場合は、Googleドライブの右上に見
える歯車アイコンをクリックし、「設定」メニューを選んでください。現れた「設定」パネルで「ア
プリの管理」を選び、表示されたアプリのリストから「Google Colaboratory」の「デフォル
トを使用」をONにします。これでノートブックをダブルクリックしてColaboratoryで開ける
ようになります。

Chapter 2

Pythonの基本文法を覚えよう

この章のポイント
- ・値、変数、計算といったプログラミング言語の基本を使えるようになろう
- ・基本的な制御構文を覚えよう
- ・関数やクラスの使い方を理解しよう

01 Pythonの文法を学ぼう

　前章で、Colaboratoryの基本的な使い方を学びました。この章では、Python
の基本的な文法を覚えることにしましょう。

　学習に入る前に、前章でサンプルとして作成したセルを削除しておきましょう。
セルの右上に並んでいるアイコンから、ゴミ箱のアイコンをクリックするとセルを
削除できます。これで不要なセルをクリックし、最初のプログラムを記入したセル
1つだけの状態にしておきましょう。

```
1 kakaku = 123400 * 1.1
2 print('税込価格は、' + str(kakaku))
3 if (True):
4   print("ok")
5 else:
6   print("ng")
7
```
税込価格は、135740.0

図2-1-1　セルのゴミ箱アイコンをクリックし、削除する

　では、これからPythonの基本から学習をしていきますが、あらかじめいってお
きます。基本文法は、プログラミング言語では非常に重要です。文法がわからなけ
れば、プログラムは書くことができません。

　が！「だから、ここでの説明はすべて完璧にマスターしないとダメ！」ということ
ではありません。逆に、「よくわからなところがあってもいいから、一通り目を通し
ておく」ぐらいに考えておきましょう。

　基本文法は確かに重要です。が、これはプログラムを書いて動かせば必ず使うも
のです。これからサンプルのプログラムをたくさん書いていけば、イヤでも頭に入っ
ていきます。ですから、今すぐ頭で理解しなくても大丈夫なのです。「だいたいこう
いうもの」ということがわかっていれば、Pythonを使っていくうちに自然と身につ
いてくるはずですから。

　今すぐ完璧に……と考えず、「読み進めていけば、基礎は自然と身につく」ぐら
いに考えておきましょう。

値について

　まず最初に覚えるのは「値」についてです。

　プログラミング言語というのは、様々な値を使って計算をするためのものです。値は、プログラミングの基本といえます。Pythonには「タイプ（型）」と呼ばれる値の種類が用意されています。値を扱うときは、その値の内容や書き方とともに「それは何というタイプか」も考える必要があります。
　では、Pythonで用意されている主な値についてまとめましょう。

● 数値

　数は、値の基本ですね。123といった整数や、0.01といった小数（実数）があります。Pythonの場合、数値はただその数字をそのまま書くだけです。注意したいのは、「小数点がつくと実数の値として扱われる」という点です。Pythonの数値は、整数と実数が異なる種類の値として分けて扱われています。例えば「1」は整数ですが、「1.」は実数扱いになるのです。

整数の値	「int」型というタイプです
実数の値	「float」型というタイプです

```
int型の例）  123   1000
float型の例）  0.123   1.0   10000000.0
```

● テキスト

　テキストの値は、「str」型と呼ばれるタイプになります。これは前後をクォート記号で挟んで記述します。このクォート記号には、2つのものがあります。「"」記号と、「'」記号です。どちらを使っても同じようにテキストを値として用意できます。「最初と最期は必ず同じ記号を使う」という点だけ注意すれば、どちらを使ってもかまいません。

```
例）"Hello"  'ok'  "あいう"  'こんにちは'
```

● 真偽値

　真偽値は「bool」型と呼ばれるタイプの値です。これはコンピュータ特有の値で、「真か、偽か」という二者択一の状態を表すのに使います。二者択一ですから、値は2つしかありません。「True」と「False」です。

```
例）True   False
```

02 値を計算する

　どういう値が用意されているかわかったら、値を使った計算を行ってみましょう。値の基本は、「数」です。数の値には、四則演算のための記号（演算子）が一通り揃えられています。

四則演算のまとめ

a + b	aとbを足す
a - b	aからbを引く
a * b	aとbをかける
a / b	aをbで割る
a % b	aをbで割ったあまりを得る

セルで計算しよう

　計算の記号がわかったら、実際に計算をしてみましょう。セルに以下のプログラムを記述して実行してください。

リスト2-2-1

```
01 (100 + 200 + 300) * 1.1
```

図2-2-1　計算式を実行すると結果が表示される

　セルの下に計算結果が表示されました。こんな具合に、Colaboratoryでは計算の式を実行すると、その結果が下に表示されます。簡単でわかりやすいですね。

💡 テキストも計算できる！

　テキストにも、演算記号が用意されています。それは足し算と掛け算です。足し算の記号（+）は、左側と右側のテキストをつなげて1つのテキストにします。掛け算の記号（*）は、左側のテキストを右側の整数の数だけ繰り返しつなげます。

　これも利用例を挙げておきましょう。P.029で説明したとおり、テキストは前後をクォート記号で囲みます。

リスト2-2-2

```
01  "Hello!" + ('OK?' * 3)
```

図2-2-2　テキストの計算を行う

セルの追加とプログラム実行のおさらい

　セルを追加するには、画面の上部にある「＋コード」という表示をクリックするか、追加したい箇所の1つ手前のセルの下部にマウスポインタを持っていくと表示される「＋コード」をクリックしましょう。

図2-2-3　「＋コード」をクリック

　また、プログラムを実行する際には、セルの左端にある●アイコンをクリックしましょう。
　プログラムは、[Ctrl] + [Enter] キーでも実行するとができます。また、[Shift] + [Enter] キーを押すと、自動的に次のセルも追加してプログラムを実行します。

03 変数について

続いて、「変数」について学びましょう。

「値」に続いて大事なのがこの「変数」です。Pythonでは、プログラムの中で値を直接記述して計算などを行うことはそれほど多くありません。それよりも多いのが「変数」を使って値を利用するやり方です。

変数は、値を保管しておくための入れ物です。この変数は、イコール記号 (=) を使って以下のように記述して使います。

【書式】変数に値を代入する

```
変数 = 値
```

これで、右辺の値が左辺の変数に保管されます（これを「代入」といいます）。値を代入した変数は、その値と全く同じように計算の式などに使うことができます。

変数を使って計算しよう

では、実際に変数を使って計算をしてみましょう。セルに以下のリストを書いて実行してみてください。

リスト2-3-1

```
01  x = 100
02  y = 200
03  z = 300
04  answer = x + y + z
05  answer
```

```
1 x = 100
2 y = 200
3 z = 300
4 answer = x + y + z
5 answer
600
```

図2-3-1　変数を使って計算する

ここでは、x、y、zという3つの変数に値を代入し、それらを使った計算の結果をanswerという変数に代入しています。最後に「answer」と変数名だけが書いてありますが、これは変数の値を表示するためです。

Colaboratoryでは、プログラムの最後に実行した文の結果（値）がセルの下に表示されます。最後に変数名を書いておけば、その変数の値がセルの下に表示されるのです。

 変数の名前

ここでは、全部で4つの変数を利用しました。x、y、zのように1文字のものもあれば、answerという長い名前のものもあります。

変数の名前は、こんな具合に自由につけることができます。変数名に使えるのは、半角の英数字とアンダーバー（_記号）と考えてください。実は日本語の名前などもつけられるのですが、プログラムがわかりにくくなるためお勧めしません。また数字は変数名の1文字目には使えないので注意してください。

もう一点、Pythonで使う名前で注意すべきは「大文字と小文字は別の文字として扱われる」という点です。変数xは、Xではありません。xとXは別の名前になるのです。これは間違えることが多いので注意しましょう。

変数のルールまとめ

・半角の英数字か、アンダーバーを使う
・数字は1文字目には使わない
・大文字と小文字は別の文字として扱われる

04 変数は「記憶」されている

Colaboratoryの変数は、普通のPythonにはない特徴があります。それは、「一度作られた変数は、ランタイムが終了するまで保持される」というものです。

先程実行したセルの下に、「＋コード」をクリックして新しいセルを作りましょう。そこで、以下のように実行してみてください。

リスト2-4-1

```
01  a = x * 2
02  b = y * 3
03  a + b
```

```
[3]    1 x = 100
       2 y = 200
       3 z = 300
       4 answer = x + y + z
       5 answer

   600


       1 a = x * 2
       2 b = y * 3
       3 a + b

   800
```

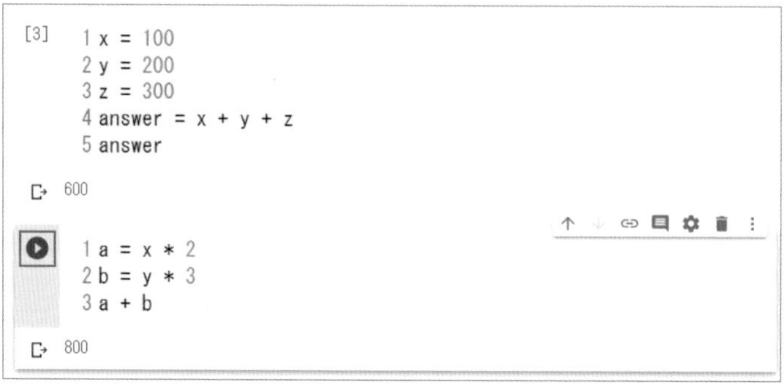

図2-4-1　前のセルで作った変数x、yを使って計算する

ここでは、変数xと変数yを使った計算をしています。これらの変数は、このセルにはありません。が、その前に**リスト2-3-1**を実行した際に、x、y、z、answerという変数が作られ、メモリ内に保管されています。この保管された変数x、yを使って、このように計算を実行できた、というわけです。

この「変数の記憶」は、実行したプログラムを削除しても残っています。例えば、**リスト2-3-1**を実行後、このプログラムを消して**リスト2-4-1**を実行しても問題なく動きます。ただし、この「記憶された変数」は、ランタイムが終了すると消えてしまいます。永遠に使えるわけではないので注意が必要です。

Colaboratoryでは、この「実行した変数が記憶されていて、いつでも使える」という性質を生かしたプログラムの作り方をします。まず最初に必要なデータなどを変数に代入するセルを用意しておいて、その後にそれら変数を使ったプログラムをいろいろと書いていくのですね。こうすると、変数の代入などを毎回書く必要がなく、すっきりとプログラムが作れます。

05 変数の計算について

　変数は、値と同様に「タイプ」があります。ある値を変数に代入すると、その変数も代入した値と同じタイプのものとして扱われます。

　変数は計算などの式で使われることが多いですが、この「タイプが決まっている」という点に注意しないといけません。例えば、こんなプログラムを実行してみましょう。

リスト2-5-1

```
01  x = 1234
02  y = 56
03  answer = x * y
04  "答えは、" + answer
```

```
1 x = 1234
2 y = 56
3 answer = x * y
4 "答えは、" + answer
```

```
TypeError                                Traceback (most recent call last)
<ipython-input-6-fb0d4cabdbc8> in <module>()
      2 y = 56
      3 answer = x * y
----> 4 "答えは、" + answer

TypeError: must be str, not int
```

SEARCH STACK OVERFLOW

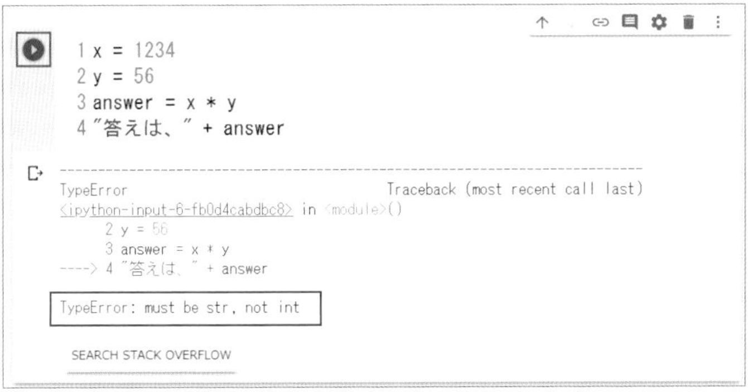

図2-5-1　実行するとエラーになる

　実行すると「Type Error」という表示が下に現れます。これは、「タイプが合っていない」というエラーになっているのです。

　最後の行で、「"答えは、" + answer」というようにテキストとanswerを＋で足していますね。answerは、整数の値です。ここで「テキストと整数を足し算している」ということでエラーになっているのです。計算をするときは、すべての値が同じタイプに揃っていなければいけないのです。

値のキャスト

では、このプログラムを修正しましょう。以下のように書き換えて実行してみてください。

リスト2-5-2

```
01  x = 1234
02  y = 56
03  answer = x * y
04  "答えは、" + str(answer)
```

```
1 x = 1234
2 y = 56
3 answer = x * y
4 "答えは、" + str(answer)
```
`'答えは、69104'`

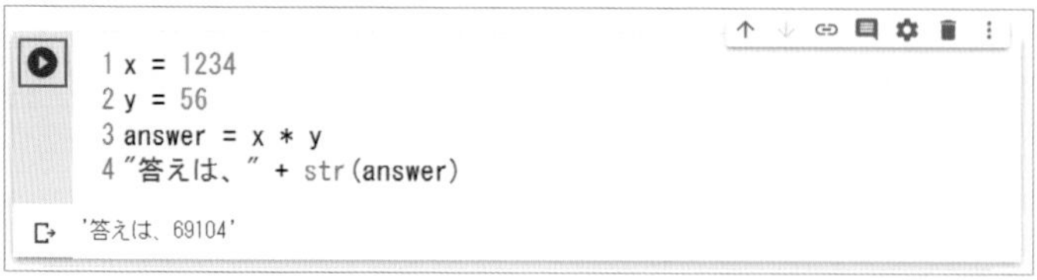

図2-5-2　今度は問題なく実行できた！

今度は、エラーにはなりません。最期の文を見ると、「"答えは、" + str(answer)」となっていますね。これがポイントです。

このstr(answer)というのは、answerの値をstr型に変換するものです。このように、ある値を別のタイプの値に変換することを「キャスト（型変換）」といいます。基本的なタイプのキャスの方法は以下のようになります。

int(値)	int型にキャスト
float(値)	float型にキャスト
str(値)	str型にキャスト
bool(値)	bool型にキャスト

これらを使って、式で使うすべての値を同じタイプに揃えれば、異なるタイプの値を計算できるようになります。

　変数を利用して計算をするようになると、「ユーザーから値を入力してもらう」ということを考えるようになるでしょう。必要に応じて値を入力してもらい、それを使って計算を行えれば、より柔軟なプログラムが作れるようになります。

　Colaboratoryでは、ユーザーからの入力を行うために「フォーム」という非常にスマートな機能が提供されています。これを使ってみましょう。

　では、空のセルを用意してください。そして、セルを選択した状態で、「挿入」メニューから「フォームの項目の追加」を選んでください。画面にダイアログが現れます。

新しいフォーム フィールドの追加

フォーム フィールド タイプ
input

変数タイプ
string

変数名
variable_name

キャンセル　　保存

図2-6-1　「フォームの項目の追加」メニューを選ぶとこのようなダイアログが現れる

ダイアログを入力する

　このダイアログは、入力を行うフォームを作成するためのものです。ここには以下のような項目が用意されています。

フォームフィールドタイプ	入力方式（どのような形で入力をするか）を選ぶものです
変数タイプ	入力される値のタイプを指定します
変数名	入力した値が代入される変数名を指定します

　これらを設定して「保存」をクリックすれば、フォームが作成されます。では、実際にやってみましょう。

3つの項目を、それぞれ以下のように設定してください。

フォームフィールドタイプ	「input」を選びます。これは直接値を入力するフィールドです
変数タイプ	「integer」を選びます。整数（int型）の値です
変数名	「num」としておきます

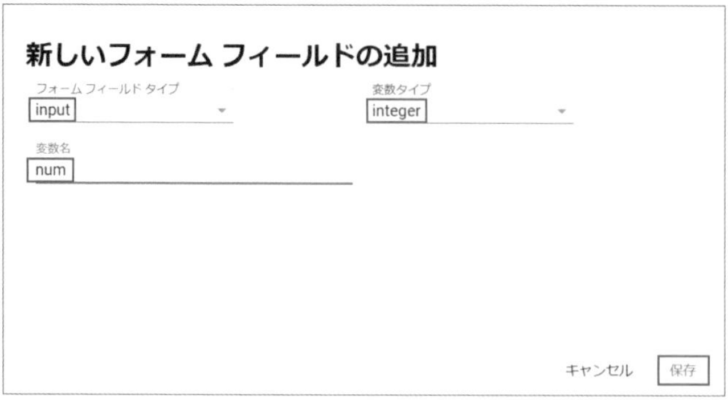

新しいフォーム フィールドの追加

フォーム フィールド タイプ
input

変数タイプ
integer

変数名
num

キャンセル　保存

図2-6-2　ダイアログに入力し、「保存」をクリックする

「保存」をクリックすると、ダイアログが消え、セルに以下のような文が書き出されます。これが、フォームで作成された文です。

リスト2-6-1

```
01  num = 0 #@param {type:"integer"}
```

これは「num = 0」という文ですね。その後の#記号より後はコメントです。Pythonでは、このように#を付けると、それ以降をコメントとして無視してくれます。プログラムの中に何かメモを残しておきたいときに、この#を使ったコメントが用いられます。なお、コメントは、フォームだけではなく、プログラム中のどこでも書くことができます。

ここでは、#@param {type:"integer"}というコメントが書かれていますね。これは、コメントでありプログラムには全く影響を与えません。が、Colaboratoryでは、このコメント文をもとにフォームを表示するようになっているのです。

この文の右側には、テキストを入力するフィールドが表示されています。これが、このコメントによって生成されたフォームです。このフォームを使って値を入力できるようになっているのですね。

試しに、フォームに「100」と記入してみましょう。すると、左側の文が「num = 100」に自動更新されます。フォームを使って値を入力すると、このようにその値

が自動的に変数に代入されるようになっているのです。

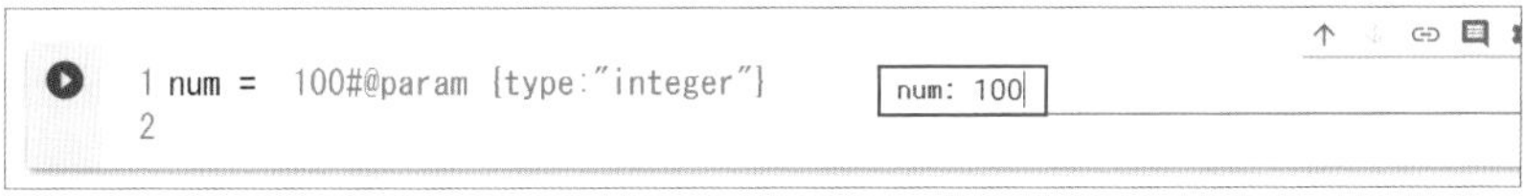

図2-6-3 フォームに「100」と入力するとnumに代入する値が変わる

フォームを使って計算する

では、実際にフォームを使った計算を行ってみましょう。セルの内容を以下のように修正してください。

リスト2-6-2

```
01  price =  100#@param {type:"integer"}
02  num =  100#@param {type:"integer"}
03  answer = price * num
04  str(price) + "円のものを" + str(num) + "個買ったら、金額は " →
        + str(answer) + "円。"
```

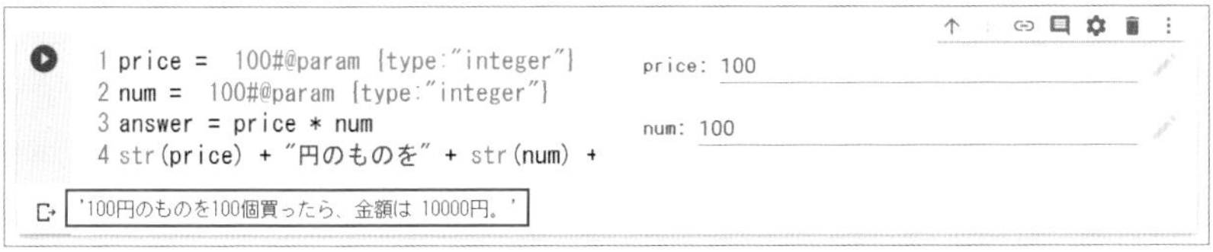

図2-6-4 実行すると、フォームから入力した値をもとに結果を表示する

実行すると、2つの入力フィールドから入力した値をもとに結果を表示します。入力フィールドの値を色々と変更してプログラムを実行してみましょう。

フォームを使うと、かなり簡単に必要な値が入力できることがわかりますね。注意したいのは、フォームで入力される値は、Pythonのプログラムでは「変数に代入する初期値」になっているという点です。したがって、フォームを入力したあとでセルを実行する必要があります。実行後にフォームの値を変更しても、表示されている結果は変わりません。再度プログラムを実行する必要があります。

この「フォームを使った入力」は、これから多用することになりますので、基本的な使い方をここでしっかり頭に入れておきましょう。

07 if文について

　値と変数について一通り理解できたら、次は「構文」について学習しましょう。構文は、プログラムに特別な働きをさせるために使われます。Pythonには様々な構文がありますが、もっとも重要なのが「制御構文」です。これは、プログラムの流れを制御するためのものです。

　制御構文は、大きく「条件分岐」と「繰り返し」に分かれます。これらの基本について説明しましょう。

if文について

　条件分岐は、条件によって実行する処理を分岐させるためのものです。これは「if」文と呼ばれます。このif文は、以下のような書き方をします。

【書式】if文の書き方 (1)

```
if 条件 :
    条件がTrueのときの処理
```

【書式】if文の書き方 (2)

```
if 条件 :
    条件がTrueのときの処理
else :
    条件がFalseのときの処理
```

【書式】if文の書き方 (3)

```
if 条件1 :
    条件1がTrueのときの処理
elif 条件2 :
    条件2がTrueのときの処理

……必要なだけelifを用意……

else:
    それ以外の場合の処理
```

　複雑そうに見えますが、（3）は、応用ですので今すぐ覚える必要はありません。基本は（1）と（2）と考えてください。

　if文は、ifの後にある条件をチェックします。これは、真偽値の変数や式など

が用いられます。この条件の値がTrueならばその後にある処理を実行します。Falseならばelse:の後にある処理を実行します。if文の働きは、たったこれだけです。意外と単純ですね。

if文を使ってみる

では、実際にifを利用したプログラムを使ってみましょう。セルの内容を以下のように書き換えてください。

リスト2-7-1

```
01  num =  100#@param {type:"integer"}
02  if num % 2 == 0:
03    res = str(num) + "は、偶数です。"
04  else:
05    res =str(num) + "は、奇数です。"
06  res
```

```
1 num =  100#@param {type:"integer"}
2 if num % 2 == 0:
3   res = str(num) + "は、偶数です。"
4 else:
5   res =str(num) + "は、奇数です。"
6 res
```

num: 100

'100は、偶数です。'

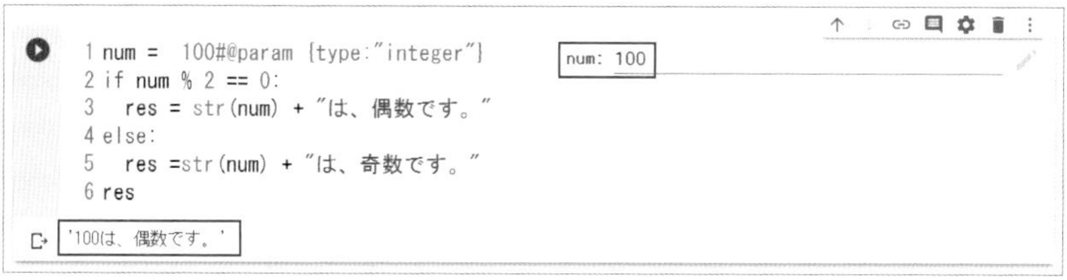

図2-7-1　入力した値が偶数か奇数かを調べる

入力フィールドの値を色々と変更して実行してみてください。フォームの入力値が偶数か奇数かを調べて表示します。

ここでは、if num % 2 == 0:という文で条件をチェックしていますね。後で説明しますが、num % 2 == 0というのは「num % 2が0と等しい」ことを示します。つまり、num（ここでは100）を2で割った余りがゼロかどうかを調べることで、偶数か奇数かを判断していたのですね。

08 構文のポイント

リスト2-7-1は簡単なサンプルでしたが、このサンプルから、構文の重要なポイントが2つ見えてきました。以下にまとめましょう。

構文とインデント

サンプルを見ると、ifの次行とelse:の次行は、その前の行より右にずれた位置に表示されていますね。これは「インデント」というもので、文の前に半角スペースをつけて表示位置をずらしているのです。

このインデントは、Pythonで構文を記述するときに重要な働きをします。インデントは、その構文にどこまで含まれるかを表します。構文を開始する文は、最後にコロン (:) 記号が付けられています。コロンで終わる文があると、それ以降のインデントされている文を、その構文に含まれるものとして判断します。そしてインデントが終わり、コロンを付けた文と同じ位置に文の開始位置が戻ると、構文を抜けたと判断されるのです。

図2-8-1　構文のコロン (:) の文の後にあるインデントされた文が構文に含まれる部分。構文を抜けるとインデントはもとに戻る

💡 条件と比較演算

　もう1つは、「条件の作り方」です。ifの条件は、真偽値として得られる値や式を使います。この条件に多用されるのが「比較演算」という式です。

　比較演算は、2つの値を比べ、等しいかどうか、どちらが大きいか、といったことをチェックするものです。以下のような記号があります（AとBの2つを比較する形にしてあります）。

比較演算子のまとめ

A == B	AとBは等しい
A != B	AとBは等しくない
A < B	AはBより小さい
A <= B	AはBと等しいか小さい
A > B	AはBより大きい
A >= B	AはBと等しいか大きい

　これらの演算子を使って、変数などの値をチェックする式を条件として用意するのが、ifなどの構文の基本と考えると理解しやすいでしょう。

　比較演算子を使った条件の例を以下にまとめます。条件がTrueになるのか、Falseになるのか、考えながら見てみてください。

```
num = 100

if num % 2 == 0: # … 100 % 2 は 0 なので、True

if num % 2 != 0: # … 余りが「0と等しくない」ならTrueという条件なので、False

if num < 100: # … 「numが100より小さい(100を含まない)」ならTrueという条件なので、False

if num <= 100: # … 「numが100以下」ならTrueという条件なので、True

if num > 100: # … 「numが100より大きい(100を含まない)」ならTrueという条件なので、False

if num >= 100: # … 「numが100以上」ならTrueという条件なので、True
```

09 whileによる繰り返し

もう1つの構文「繰り返し」について説明しましょう。繰り返しの構文は2つあるのですが、基本は「while」というものです。

【書式】whileの書き方

```
while 条件 :
    繰り返す処理
```

whileは、whileの後に条件となるもの（真偽値で表される値や式など）を用意します。そして、この条件がTrueである間、その後の処理を繰り返し実行します。条件がFalseになったら、繰り返しを抜けて次へと進みます。既に条件の使い方はわかっていますから、それほど難しくはないでしょう。

では、簡単な利用例を挙げておきましょう。0から始まって、0 + 1 + 2 + …と足していき、フォームで入力した値までの合計を計算して表示するものです。

リスト2-9-1

```
01 max = 100#@param {type:"integer"}
02 num = 0
03 total = 0
04 while num <= max:
05     total += num
06     num += 1
07 str(max) + "までの「合計は、" + str(total) + "です。"
```

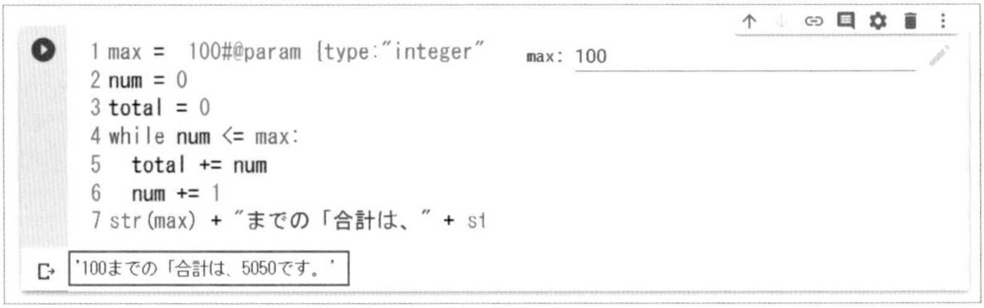

```
1 max =  100#@param {type:"integer"         max: 100
2 num = 0
3 total = 0
4 while num <= max:
5     total += num
6     num += 1
7 str(max) + "までの「合計は、" + st

'100までの「合計は、5050です。'
```

図2-9-1　フィールドの値までの合計を計算する

ここでは、フォームを使って入力した値をmaxに代入し、while num <= max: でnumの値がmaxと等しいか小さい間、繰り返しを行っています。ここでtotalにnumを足してはnumを1増やす、ということを繰り返し、1、2、3……と

順に値を足していってmaxまでの値をtotalに足していたわけですね。

 代入演算について

　ここでは、変数totalとnumに値を足すのに「+=」という記号を使っています。これは「代入演算子」というもので、四則演算と代入をまとめて行ってくれる記号です。以下のようなものが用意されています（AとBを演算する形でまとめます）。

代入演算子のまとめ

A += B	A = A + B と同じ
A -= B	A = A - B と同じ
A *= B	A = A * B と同じ
A /= B	A = A / B と同じ
A %= B	A = A % B と同じ

　total += numは、total = total + numのことですが、+=を使ったほうがスマートな感じがしますね。そう難しいものではないので、ここで覚えておきましょう。
　代入演算子を使った例を以下にまとめます。

```
plus = 100
plus += 2   … plusの値は102

minus = 100
minus -= 2   … minusの値は98

times = 100
times *= 2   … timesの値は200

divide = 100
divide /= 2   … divideの値は50.0

remain = 100
remain %= 2   … remainの値は0
```

10 多数の値をまとめて扱う

　繰り返しの処理というのは、先の例のように数字を順に増やしながら処理を行うような場合にも使いますが、それよりも圧倒的に多いのが「多数の値を処理する」というケースです。例えばたくさんのデータがあったとき、それらデータすべてについてなにかの処理を行うような場合に繰り返しは使われます。ただし、そのためには「多数のデータの扱い方」を知っておかないといけません。

　Pythonには、多数のデータをまとめて扱うための特別な値（変数）がいくつか用意されています。

　以下に簡単にまとめておきましょう。

 リスト

　多数の値をまとめて扱うときの基本となるものです。これは、以下のような形で作成をします。

```
変数 = [ 値1 , 値2 , ……]
```

　[ ]という記号の中に、値をカンマで区切って記述していきます。こうして作成されたリストは、変数名の後に[ ]記号を使って値を取り出したり、書き換えたりできます。

```
変数 = リスト [ 番号 ]
リスト [ 番号 ] = 値
```

　リストに保管された値には、ゼロから順に番号が割り振られています（インデックスといいます）。この番号を[ ]で指定することで、リストの中の特定の値を取り出せます。

 タプル

　リストと似たものに「タプル」というものもあります。これは「値の変更ができないリスト」です。作成の仕方は、[ ]ではなく( )を使います。

```
変数 = ( 値1 , 値2 , ……)
```

　タプルも、リストと同じようにインデックスで値を管理しています。ですから、[番号] という形で値を取り出すことができます。

　リストとタプルは、基本的に「同じもの」と考えて構いません。違いは、ただ「タプルは値を変更できない」という点だけです。

レンジ

　レンジは、特殊な数字の並びを扱う値です。これは、「1、2、3、……」というように順に並んだ数字を扱うためのものなのです。

```
変数 = range( 開始数 , 終了数 )
```

　このようにすることで、一定範囲の数字が並んだレンジを作れます。例えば、range(1, 5)とすると、1、2、3、4という数字のレンジが作られます。注意したいのは、「最後の5は含まれない」という点です。

　このrangeは、開始数を省略するとゼロから順に並べた数字をレンジにします。例えば、range(5)ならば0、1、2、3、4のレンジになります。また、レンジもリストやタプルと同様に、[番号] とつけて指定の値を取り出せます（変更はできません）。

辞書

　リストやタプルはインデックスという番号で値を管理していましたが、番号ではなく、名前をつけて管理するのが「辞書」です。これは以下のように作成します。

```
変数 = { キー1 : 値1 , キー2 : 値2 , ……}
```

　辞書では、1つ1つの値に「キー」という値がつけられています。インデックスの代わりに、キーを使って値を取り出します。例えば、dic['a'] といった感じですね。「数字の代わりにキーで値を指定する」というだけで、基本的な使い方はリストなどとだいたい同じです。

11 for構文で 多数のデータを処理する

これら「多数の値をまとめて扱うもの」には、それ専用の特別な繰り返し構文が用意されています。「for」というもので、以下のように使います。

【書式】forの使い方

```
for 変数 in リストなど  :
    繰り返す処理
```

この構文は、用意したリストなどの中から順に値を取り出して変数に代入して処理を実行します。1つ取り出しては処理を行い、次を取り出しては処理を行い……と繰り返していき、すべての値について処理が実行されることになります。

このfor構文は、リスト、タプル、レンジ、辞書のすべてで利用できます。ただし、リストやタプル、レンジは値が変数に取り出されますが、辞書の場合は値ではなくキーが取り出されるので注意しましょう。

レンジで合計を計算する

多数の値をまとめて扱うものの中で、一番先に利用することになるのは、おそらく「レンジ」でしょう。レンジは、一定範囲の数字を扱うのに多用されます。ですから、例えば「1から100まで計算」というようなときにはうってつけなのです。

例えば、先ほどの**リスト2-9-11**をfor構文で書き換えてみましょう。

リスト2-11-1

```
01 max =   100#@param {type:"integer"}
02 total = 0
03 for n in range(1, max+1):
04   total += n
05 str(max) + "までの「合計は、" + str(total) + "です。"
```

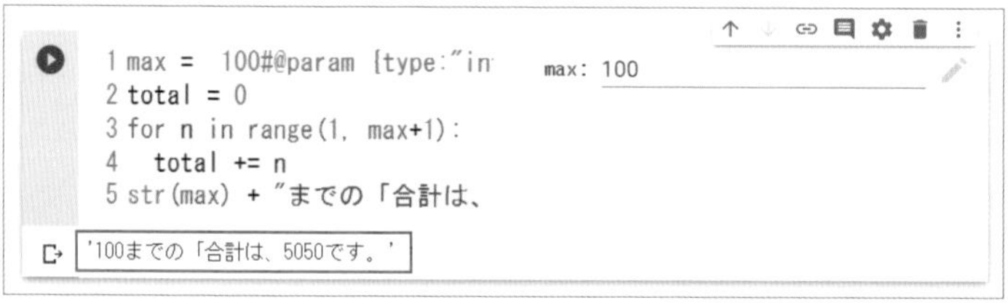

```
    1 max =  100#@param {type:"in        max: 100
    2 total = 0
    3 for n in range(1, max+1):
    4    total += n
    5 str(max) + "までの「合計は、

    '100までの「合計は、5050です。 '
```

図2-11-1 フォームから入力した値までの合計を計算する

フォームを使って数字を入力し実行すると、その数字までの合計を計算します。ここでは、for n in range(1, max+1):というように構文を用意していますね。これで、1からmaxまでの数字をまとめたレンジが用意されます。そこから順に値をnに取り出し、totalに足していけば合計が計算できます。

forを使うと、whileよりもシンプルに繰り返し処理が行えます。数字を順にカウントしながら繰り返すような処理は、forのほうが圧倒的に簡単ですね。

💡 リストのデータを処理する

forの繰り返しは、多数のデータを処理するのにも用いられます。実際に、簡単なデータを集計する例を見てみましょう。

リスト2-11-2

```
01 data = [98, 76, 54, 56, 78]
02 total = 0
03 for n in data:
04   total += n
05 ave = total / len(data)
06 "合計:" + str(total) + "、平均:" + str(ave)
```

```
1 data = [98, 76, 54, 56, 78]
2 total = 0
3 for n in data:
4   total += n
5 ave = total / len(data)
6 "合計：" + str(total) + "、平均：" + str(ave)
```

`'合計：362、平均：72.4'`

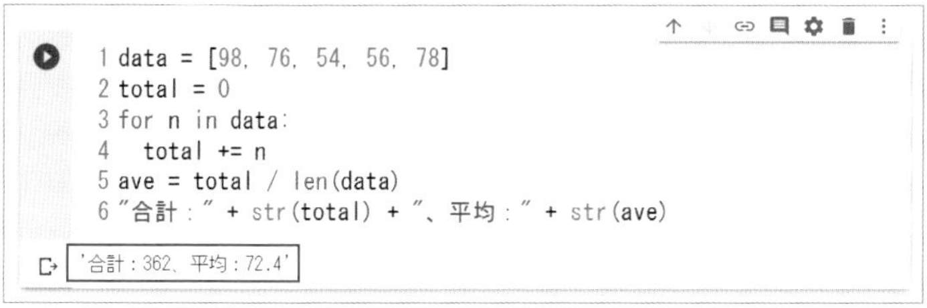

図2-11-2　dataの合計と平均を計算する

ここでは、変数dataに数値をまとめたリストを用意し、その合計と平均を計算しています。for n in data:と繰り返しを用意することで、dataから順に値をnに取り出しています。そして、total += nでその値をtotalに足しています。

ここでは、合計totalをlen(data)というもので割っていますね。このlenは、後述しますが「関数」と呼ばれるもので、()に書いてあるリストの値の数を調べるものです。totalをdataの値の数で割って平均を計算していたのですね。

12 関数について

　プログラムが複雑になってくると、プログラムを整理し、構造的に組み立てるための仕組みが必要になってきます。このようなときに使われるのが「関数」というものです。

　関数は、プログラムの一部をメイン部分から切り離し、いつでも実行できるようにしたものです。これは以下のような形で定義します。

【書式】関数の定義

```
def 関数名( 引数 ):
    実行する処理
```

　関数は、「関数名」と「引数」を使って定義をします。関数名はわかりますね。その関数に付ける名前です。

　そして引数というのは、その関数を呼び出すときに必要な値を受け渡すのに使うものです。例えば「金額から消費税価格を計算する」といった関数を作ることを考えてみましょう。すると、金額のデータを関数に渡さないといけません。こういう「その関数で処理をする上で必要となる値」を受け渡すのに引数は使います。

関数を使ってみよう

　この関数は、実際に作って利用してみないと働きがよくわからないでしょう。では、簡単なサンプルを作成してみましょう。

リスト2-12-1

```
01 def calc(p):
02     tax = 0.1
03     return int(p * (1.0 + tax))          ------1
04
05 price = 12500 #@param {type:"integer"}
06 answer = calc(price)                     ------2
07 "税込価格:" + str(answer)
```

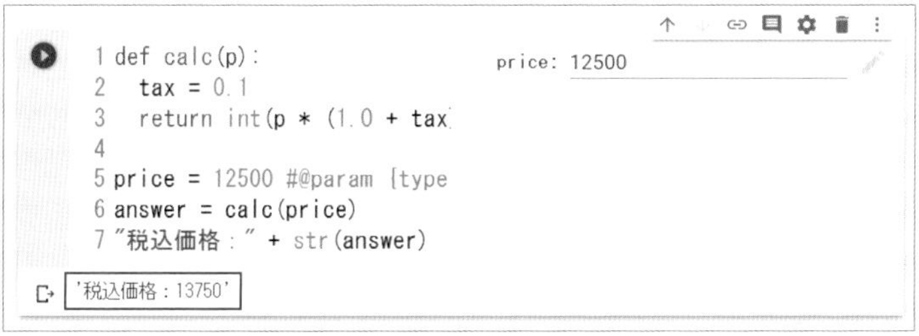

```
1 def calc(p):
2    tax = 0.1
3    return int(p * (1.0 + tax)                    price: 12500
4
5 price = 12500 ##@param [type
6 answer = calc(price)
7 "税込価格 : " + str(answer)

'税込価格 : 13750'
```

図2-12-1　入力した金額の税込価格を計算する

　フォームを使って金額を入力し、実行すると、その税込価格を計算します。ここ
では、calcという関数を定義しています。■でdef calc(p):というように定
義をしていますね。これは、pという引数を使うことを示します。そして、その後
■でanswer = calc(price)というようにしてcalc関数を呼び出し、その結
果を変数answerに代入しています。
　ここで注目してほしいのは、「calc関数は、それを利用するプログラムの前に書
いてある」という点です。関数を作って利用する場合、まず関数の定義を用意し、
その後でそれを利用します。関数定義より前に関数を呼び出そうとするとエラーに
なるので注意してください。

💡 calc関数の働き

　calc関数内■ではtax = 0.1と税率の値を用意し、return int(p * (1.0
+ tax))という文を実行しています。int(p * (1.0 + tax))というのは、p
* (1.0 + tax)の計算結果をintにキャスト（整数にすること、P.036参照）
するものですね。そして、その前のreturnは、「関数を呼び出した側にこの値を返す」
という働きをします。
　値を返すというのはどういうことか？　それは、この関数を呼び出している文■を
見ればわかります。
　変数priceに金額を設定した後、answer = calc(price)というように関数
を呼び出しています。calc(price)は、変数priceの値を引数に指定して関数
を呼び出すものです。このpriceの値が、def calc(p):の引数pに渡されて処
理が実行されます。
　そしてcalcはそのまま変数answerに値を代入しています。このanswerに代
入されるのが、calc関数の最後にreturnした値なのです。returnした値は、
このように関数の値として得ることができるようになります。関数は「returnした
値」と同じものとして扱うことができるのです。returnでint値を返すcalcは、

int型の値と同じものとして扱えるのです。

　このように、returnで関数から返される値を「戻り値」といいます。戻り値は、必ず用意しないといけないわけではありません。ただ何かの処理を実行するだけの関数ならば、returnは不要でしょう。その場合は、今回のように関数の値を変数などに入れて使うことはできません。

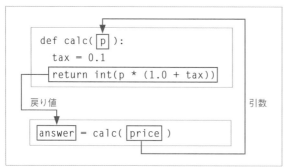

図2-12-2　関数の働き。calc関数を呼び出すと、引数の値が渡される。処理後、returnすると、その値が関数の戻り値として変数に代入される

 Pythonの関数について

　関数は、自分で定義したもの以外にもたくさんあります。Pythonには、標準で便利な機能が関数として一通り用意されています。たとえば、先にリストの値の数を調べるのに「len」というものを使いましたが、あれも関数です。名前の後に( )で引数を付けて呼び出すものは、たいてい関数と考えていいでしょう。

　関数は、自分で作るよりも、用意されている関数の使い方を覚えて利用することが遥かに多いでしょう。用意されている関数を使う場合は、この後のクラスで説明しますが「import」文というものを用意しないといけない場合もあります。こうしたPythonのさまざまな関数の使い方を少しずつ覚えていくことが「Pythonを使いこなせるようになる」ことだ、といってもいいかもしれません。

　Pythonで用意されている関数は膨大な数にのぼるので、ここでいちいち紹介はしません。この先、新しい関数が登場したらその際に説明するようにしましょう。今は「関数がどういうもので、どういう使い方をするか」を大まかに把握できればそれで十分ですよ。

13 クラスとモジュールについて

Chapter 2

　更に複雑なプログラムを構築するようになると、関数だけでは収集がつかなくなってきます。こうなったときに使われるのが「クラス」というものです。

　クラスは「データと処理をひとまとめにしたもの」です。データを保管する変数や、処理を定義した関数などを1つにまとめて利用できるようにしたもの、と考えると良いでしょう。この関数には、以下のものが用意されます。

| フィールド | クラスの中に**値**を保管しておくために用意される変数です |
| メソッド | クラスの中に用意される**関数**です |

　クラスは、まず変数にクラスの値（インスタンスと呼ばれます）を代入し、そこから中にあるフィールドやメソッドなどを呼び出して利用します。これらは、以下のような形で記述します。

【書式】クラスの値（インスタンス）作成

```
変数 = クラス ( 引数 )
```

【書式】フィールドの利用

```
インスタンス.フィールド
```

【書式】メソッドの利用

```
インスタンス.メソッド( 引数 )
```

　この「インスタンスの作成」「フィールドの値を利用する」「メソッドを呼び出す」という3つの操作さえわかれば、クラスを利用することはできるようになります。

　クラスも、やはり自分でクラスを定義して使うことはそれほど多くありません。それよりも、既に用意されているクラスを利用することが圧倒的に多いでしょう。ビギナーのうちは、クラスの作り方などまで理解する必要はありません。「クラスはどう使うのか」をまず理解し、実際にクラスを利用できるようになることを第一に考えてください。

💡 dateクラスの利用例

この「既にあるクラスを使えるようになる」というのは、慣れないうちはそう簡単にはいかないものです。これは、実際にさまざまなクラスを使ってみるしかありません。

実際のクラスの利用例として「date」というクラスを使ったサンプルを見てみましょう。dateは、日付を扱う機能を提供するクラスです。

リスト2-13-1

```
01  from datetime import date ·························· 1
02
03  d1 = date.today() ··························
04  d2 = date(2001,1,1) ························        2
05  ds = d1 - d2
06  print(d1)
07  print(d2)
08  str(ds.days) + "日間"
```

図2-13-1　2001年1月1日から今日までの経過日数を計算する

ここでは、dateというクラスを利用して、2001年1月1日から今日までの経過日数を調べています。プログラムの内容は、今は理解する必要はありません。始めて登場したクラスですから、わからなくて当たり前です。今は内容を理解するより、「どうやって使うのか」に意識を集中しましょう。

💡 importについて

まず最初に、「from datetime import date」 1 という文がありますね。これは、重要です。Pythonに標準で用意されているクラスを使うために、これは必須の文なのです。この文は、「datetimeというところにあるdateクラスをイン

ポートする」というものです。インポートするというのは、「読み込んで使えるようにする」ということです。

　クラスというのは、非常に沢山のものが作成されています。標準のものだけでなく、さまざまな企業や団体が独自にライブラリなどを開発しており、そこでたくさんのクラスを用意しています。そうなると、中には同じ名前のクラスが複数用意されている、といったことも起こります。

　そこでPythonでは、クラスを「パッケージ」と呼ばれるものでまとめて扱えるようにしました。これは、ファイルにおける「フォルダ」に相当するものです。さまざまなクラスは、パッケージに組み込まれて提供されるのが基本なのです。

　パッケージに用意されているクラスは、「インポート」という作業を行って初めて使えるようになります。それを行っているのが1行目です。インポートはいろいろな書き方がありますが、以下の2つが基本といっていいでしょう。

【書式】import文の書き方

```
import モジュール
from モジュール import クラスや関数など
```

　「モジュール」というのは、パッケージに組み込まれている機能をプログラム内から利用できるようにまとめたものです。パッケージの中にある機能は、その用途ごとにいくつかのモジュールにまとめられており、それをインポートして使います。

　モジュールをそのままインポートして使うだけなら「importモジュール」という書き方で問題ないでしょう。が、パッケージの中には、モジュールの中に多数のクラスや関数などが組み込まれているものもあり、それらの中から特定のものだけをインポートしたい場合もあります。このようなときは「from モジュール import ○○」というようにして、特定のクラスや関数などをインポートして使うこともあります。

　■の「from datetime import date」は、datetimeモジュールにあるdateというクラスをインポートする、というものです。こうすることで、その後で■のようにdateを使えるようになります。

```
d1 = date.today()
d2 = date(2001,1,1)
```

　1行目は、dateクラスのtodayメソッドを呼び出しています。2行目はdateインスタンスを作成しています。dateをインポートすることで、こんな具合にdateが使えるようになったのです。

```
【指定したモジュールの特定のクラスだけを読み込む】
 from モジュール import 要素

【クラスの使い方】
 変数 = クラス名 (引数)
 クラス名.メソッド()
 クラス名.フィールド
```

図2-13-2 「fromモジュールimport要素」の書き方

 import datetimeするとどうなる?

　では、dateをインポートするやり方ではなく、「import datetime」で
datetimeモジュールをインポートするだけにした場合はどうなるでしょうか。こ
の場合は、datetimeモジュールの中からdateクラスを指定して利用することに
なります。すると、こういう書き方になります。

```
d1 = datetime.date.today()
d2 = datetime.date(2001,1,1)
```

　datetime.dateというように「モジュール.クラス」というようにして記述す
る必要があります。「このモジュールの中のこのクラスですよ」ということをきちん
と指定する必要があるのですね。
　import ○○と、from ×× import ○○は、こんな具合に「モジュールを
インポートするだけ」と「モジュールの中の特定の要素をインポートする」という
違いがあるのです。

```
【指定したモジュールをすべて読み込む】
 import モジュール

【クラスの使い方】
 変数 = モジュール.クラス名 (引数)
 モジュール.クラス名.メソッド()
 モジュール.クラス名.フィールド
```

図2-13-3 「importモジュール」の書き方

このあたりは今の段階ではよくわからないでしょうから、当面は「from datetime import dateと書けば、dateクラスが使えるようになる」とだけ理解しておけばいいでしょう。このimportは、モジュールの機能を利用するときは必ず必要となります。実際にimport文が必要になったときは、その都度触れることにしましょう。

dateインスタンスを作成する

dateクラスについてもかんたんに触れておきましょう。**リスト2-13-1**では、今日の日付のdateと、2001年1月1日のdateの値を以下のようにして作成しています。

```
d1 = date.today()
d2 = date(2001,1,1)
```

todayというのは、dateクラスに用意されているメソッドです。メソッドというのは、「クラスに用意されている関数」のことでしたね。このtodayは、今日の日付を持ったdateインスタンスを作成するメソッドです。P.053では「クラスの値（インスタンス）作成」と「メソッドの利用」を別々に紹介しましたが、このtodayメソッドは両方を1度に実行しています。

その下のdate(2001,1,1)というのは、年月日の値を引数に指定してdateインスタンスを作っています。インスタンスの作り方としては、こちらのやり方が一般的でしょう。つまり、クラス名の後に( )で引数を指定して値を作る、というやり方ですね。

実をいえば、このやり方は既に使っています。int( )やstr( )という、値のキャストを行う関数です。Pythonでは、整数やテキストといった基本的な値も、すべてクラスとして用意されているのです。つまり、int( )というのは、「引数の値を使ってintインスタンスを作成する」というものだったのですね。

このように、クラスというのは、Pythonではあらゆるところで使われています。ただ、普通はそれがクラスだとは意識して使っていないだけなのです。

 printについて

　最後に、計算した結果を出力するのに「print()」というものを使っていますね。これはPythonに標準で用意されている関数です。Pythonに標準で用意されている関数を使うときには、import文は不要です。int()やstr()も、Pythonに標準で用意されている関数ですから、import文を書かずに利用できます。

【書式】値を表示するprint( )

```
print( 値 )
```

　こんな具合に、引数に値を指定して実行すると、セルの下に値を表示します。Colaboratoryのセルでは、最後に変数を書いておくとその変数の中身が表示されますが、複数の値を表示することもあるでしょう。そういうときは、このprintを使って値を順に表示していくと良いでしょう。

クラスを作るには？

　ここではクラスの使い方を中心に説明しましたが、クラスは自分で作ることもできます。これは以下のように記述します。

```
class クラス名:
    def メソッド名 ( 引数 ):
        メソッドの処理
        ……必要なだけメソッドを用意……
```

　「class クラス名 :」というのがクラスを宣言する文です。この後にインデントを付けて、クラスに用意するメソッドを書いていきます。メソッドの書き方は、実は「関数」（P.050参照）と同じです。クラスの中に関数を書くと、それがメソッドになるのです。

　ただ、本書では自分でクラスを作ることはありません。クラスは、まず「使えるようになること」が第一です。自分で作るようになるのは、もっとPythonを使いこなせるようになってから、と考えておきましょう。

14 クラスの使い方を整理しよう

　dateクラスを使った簡単な例を見ながら、クラスをどうやって利用するのか説明しました。改めてクラスの使い方を整理するとこうなります。

1. import文の用意

　まず、クラスが入っているパッケージから利用するモジュールをインポートするimport文を用意する。

2. インスタンスの作成

　「クラス()」というようにしてクラスの値（インスタンス）を作成する。

3. メソッドやフィールドを利用

　メソッドは、「インスタンス.メソッド()」というような形で、インスタンスが入っている変数の後にドットを付け、さらにその後にメソッドの呼び出しを記述する。フィールドも同様に変数の後にドットを付けてフィールド名を記述する。

　この3つのポイントをしっかり頭に入れておきましょう。具体的にどういうクラスがあってどう使うかは、実際にそのクラスを利用するシーンに出会わないとわかりません。これ以後、新たにクラスを使うときは、そのときに使い方を説明しますから、今ここで心配する必要はありませんよ。

15 基礎は後からついてくる!

　以上で、Pythonの基礎文法の説明はおしまいです。まだまだ説明していないことはたくさんありますが、とりあえずここで説明したことがわかれば、これから先の章を読み進めることはできるでしょう。

　最初に述べたように、ここで説明した基礎文法は、これから先、たくさんのサンプルコードを書いて動かしていれば自然と身につく程度のものです。ここで無理やりすべてを暗記し使えるようにしなくともいいのです。

　よくわからないところがあったとしても、どうぞそのまま次の章に進んでください。それで大丈夫です。そして、読み進めながら「あれ？　これってどういうものだっけ？」とよくわからないものが出てきたら、再びこの章に戻って読み返しましょう。そうやって、「読み進めながら必要に応じて戻って読み返す」ということを繰り返していけば、そのうちに基礎は身につきます。

　ですから、安心して次に進みましょう!

Chapter 3

Markdownで
レポート作成しよう

この章のポイント
・コードセルとテキストセルの違いを理解しよう
・見出しなどの基本的な書き方を覚えよう
・作成したレポートを共有して見てもらおう

01 コードセルとテキストセル

Colaboratoryは、「Pythonのプログラムをその場で実行できる」というのが大きな特徴です。が、単にPythonのプログラムを実行するだけなら、その他にもいろいろとあるでしょう。そうしたその他のPython実行環境とColaboratoryとの一番大きな違いは何でしょうか。

それは、Colaboratoryは、ただPythonのプログラムを実行するだけでなく、その実行結果を記憶し、テキストなどと組み合わせてレポートにできる点にあります。Colaboratoryでは、セルを使ってPythonのプログラムを記述しますが、このセルは実はPythonプログラム用のものだけでなく、テキストを記述するためのものも用意されているのです。これらは以下のように呼ばれます。

コードセル	これまで使ってきた、Pythonのプログラムを書いて実行するセルです
テキストセル	今回、新たに利用する、テキストのドキュメントを記述するセルです

テキストセルとコードセルをうまく組み合わせて配置していくことで、簡単にレポートを作成できるようになっている、というわけです。

💡 テキストセルを用意する

では、実際にやってみましょう。前の章で、いくつかのコードセルを作成したことでしょう。それらをすべて削除してください。セルの右上にあるアイコンからゴミ箱アイコンをクリックすれば削除できましたね。または、「ファイル」メニューから「ノートブックを新規作成」を選んで、新しいノートブックを作成してもOKです。

そして、すべて削除したら、ウインドウの上部にある「＋テキスト」というリンクをクリックしてください。これで、テキストセルが作成されます。

図3-1-1 「＋テキスト」をクリックしてテキストセルを作成する

テキストを書いてみよう

　では、作成されたテキストセルをクリックし、選択してください。すると、セルが中央から左右に分かれて表示されます。左側はテキストを記入するエリアで、右側はそのプレビューを表示するエリアになっています。

　では、左側のエリアにテキストを書いてみましょう。内容はどんなものでも構いません。適当に文章を書いてみてください。すると右側にプレビューが表示されるのがわかります。入力した内容が実際にどう表示されるか、その場で確認できるようになっているのです。

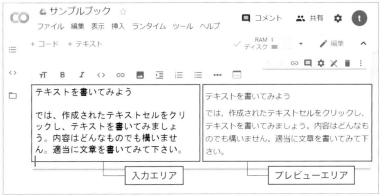

図3-1-2　セルの左側に記入したテキストが右側に表示される

テキストセルの左側のエリアについて

　このテキストを入力するエリアは「Markdownエディタ」と呼ばれます。入力するエリアの上にはアイコンが並んでおり、これを使ってテキストのスタイルなどを設定できるようになっています。

　ただし、普通のテキストエディタのように、入力したテキストのスタイルなどがそのまま変わるわけではありません。これらのアイコンは、スタイルなどを設定するための記号が追加されるだけです。実際に設定されたスタイルなどは、プレビューで確認をします。

　この一風変わった方式のエディタは、「Markdown」というものを利用するためのものなのです。

図3-1-3　「Markdownエディタ」のアイコン

02 Markdownについて

　書いたテキストがその場でプレビュー表示される。これは便利だけど「別に必要ないのでは?」と思った人もいることでしょう。ただテキストを書いて表示するだけなら、プレビューなど不要ですから。

　が、Colaboratoryのテキストセルは、「ただのテキスト」を書くだけではありません。もっと複雑なドキュメントを書くことができるのです。その秘密が「Markdown」です。

◌ Markdownとは?

　Makrdown (マークダウン) は、テキストに簡単な記号を付け足すだけでタイトルや見出しなどを設定できるようにするために考案された記法です。テキストから簡単にHTMLを生成し表示するための技術として、最近は技術系の投稿を行うようなWebサイトで広く使われています。

　Colaboratoryでは、テキストセルにMarkdown記法に従ってテキストを記述すると、その内容を解析し自動的にHTMLソースコードにレンダリングして表示します。

　実際に試してみましょう。次の**リスト3-2-1**をテキストセルに書いてみてください。

リスト3-2-1

```
01  # ようこそ、Markdownの世界へ!
02
03  これは、Markdownを使った簡単なサンプルです。簡単な記号をつけるだけでテキスト ➡
    に様々な情報を指定することができます。
```

図3-2-1　Markdownのテキストが右側にプレビュー表示される

テキストセルの左側に記述すると、右側にプレビューが表示されます。「ようこそ、Markdownの世界へ！」というテキストが大きなサイズのボールド体で表示され、その下にテキストが表示されていますね。最初の文だけがタイトルとして表示され、その後のテキストはドキュメントの本文として表示されているのです。

Markdownを使えば、このように簡単にタイトルなどの設定が行えます。書き方もHTMLなどに比べると遥かにシンプルでわかりやすいのが特徴です。

注意したいのは、「ColaboratoryのMarkdownは、一般のものと多少違うところがある」という点です。ですから、他のところで使っているMarkdownをそのままテキストセルにペーストしても、うまく表示されない部分が出ることはあります。ただ、ほとんどの部分は共通していますから、あまり「互換性が……」と心配する必要はないでしょう。

テキストセルの内容を確定する

右側のプレビューで、表示に問題がないことを確認したら、テキストセルを確定させましょう。しかし、テキストセルには、コードセルのような実行ボタンはありません。別のセルを選択するか、[Esc] キーを押すと、セルの選択が解除され、内容が確定された状態になります。

または、[+コード] [+テキスト] ボタンで、新しいセルを追加することでも、選択中のセルを確定させることができます。

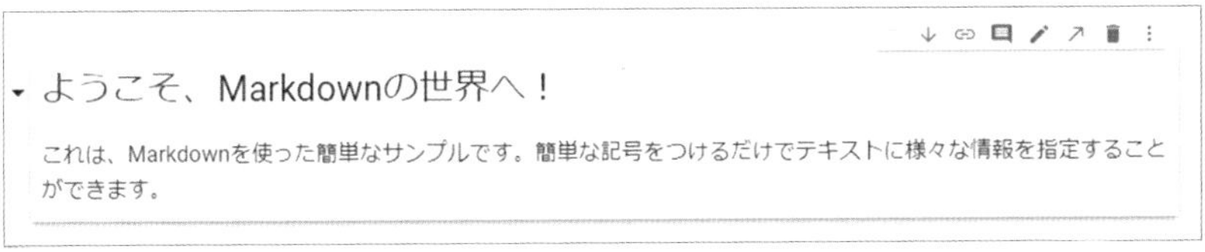

ようこそ、Markdownの世界へ！

これは、Markdownを使った簡単なサンプルです。簡単な記号をつけるだけでテキストに様々な情報を指定することができます。

図3-2-2　テキストセルを確定したところ

03 見出しについて

　では、Markdownの基本的な書き方を覚えていきましょう。まず覚えるべきは「見出し」の書き方です。これは、#記号をつけて記述します。テキストの冒頭に#を1つ付けると一番大きな見出しとしてその文が扱われます。#が2つだと次のレベルの見出しに、3つだと更に下の見出しに……というように、#の数が増えるほど下のレベルの見出しになります。#は最大6個までつけられます。

　では、実際に記述例を挙げておきます。

リスト3-3-1

```
01  # Level 1の見出し
02  ## Lavel 2の見出し
03  ### Level 3の見出し
04  #### Level 4の見出し
05  ##### Level 5の見出し
06  ###### Level 6の見出し
```

図3-3-1　レベル1〜6の見出し

　レベル1から6までの見出しの表示の違いがこれでよくわかるでしょう。この見出しの記号と、本文（何も記号を付けてないテキスト）だけで、ちょっとしたレポートなどは書けるようになりますね！

04 コードセルと組み合わせて レポートを作る

Markdownは簡単にドキュメントを書けますが、Colaboratoryではコードセルとテキストセルを組み合わせて作成できるのが大きな特徴です。組み合わせることでどのようなレポートが作れるのか、実際にやってみましょう。

まず、テキストセルの内容を書き換えます。

リスト3-4-1

```
01  # データを集計する
02
03  Pythonを使ったデータ集計についてレポートします。まず最初に、データを配列にま→
    とめて用意します。
```

図3-4-1　レポートの導入部分をテキストセルに記述する

レポートのタイトルと導入のテキストになります。テキストにタイトルを指定するだけでも、ただのテキストに比べると格段に見やすくなりますね。

データのコードセルを用意する

では、「＋コード」をクリックして、テキストセルの下に新たにコードセルを作成しましょう。そして、以下のように記述して実行をします。

リスト3-4-2

```
01  data = [98,76,54,32,10,87,65,43,21,97,86,53,42]
```

```
1 data = [98,76,54,32,10,87,65,43,21,97,86,53,42]
```

図3-4-2　コードセルを作り、データを用意する

実行しても、何も結果は表示されません。が、これで変数dataが作成され、そこにデータのリストが保管されます。見た目には何も変化がありませんが、ランタイムには変数が保管されています。

 テキストセルで説明を追加

では、その下に「＋テキスト」でテキストセルを追加しましょう。そして、データの集計に関する説明文を記述しておきます。

リスト3-4-3

```
01  ## statisticsで集計する
02
03  このデータをPythonで集計します。Pythonには、statisticsというパッケージがあ →
    り、この中に平均や中央値を求める関数が用意されています。
04
05  実際に平均(mean)と中央値(median)の関数を使ってデータから値を求めてみます。
```

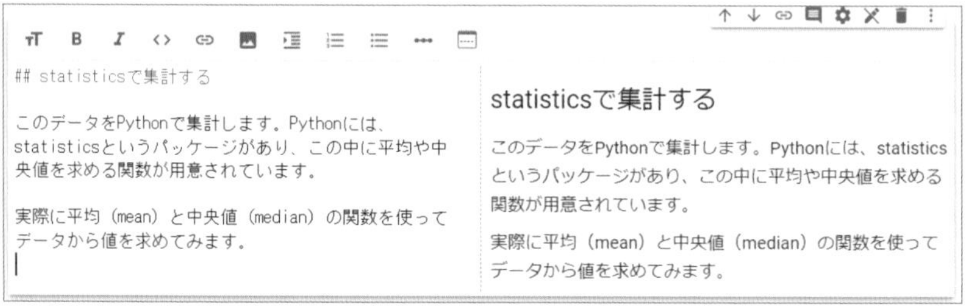

図3-4-3　データ集計の説明を用意する

今回は、##でサブタイトルを用意しました。冒頭の見出しは#で、レポート中の見出しは##や###を使うのが一般的です。

複数の段落を記述する場合は注意が必要です。Markdownでは、段落と段落の間に空き行をつけて記述します。行を空けずに記述すると、1つの段落として表示されてしまいます。

更にコードセルを追加

　説明の後に、またPythonのプログラムを作成しましょう。コードセルを追加し、以下のように記述をしてください。実行すると、平均と中央値がセルの下に表示されます。

リスト3-4-4

```
01  from statistics import mean, median
02
03  m1 = mean(data)
04  m2 = median(data)
05
06  print('平均:'+ str(round(m1,2)))
07  print('中央値:' + str(round(m2, 2)))
```

```
  1 from statistics import mean, median
  2
  3 m1 = mean(data)
  4 m2 = median(data)
  5
  6 print('平均:'+ str(round(m1,2)))
  7 print('中央値:' + str(round(m2, 2)))

  平均:58.77
  中央値:54
```

図3-4-4　Pythonのプログラムを追加し実行する

最後にまとめのテキストセル

　一通り説明を記述したら、最後にまとめとなるテキストを記述して終わりにしましょう。テキストセルを追加し、以下のように記述をします。

リスト3-4-5

```
01  ## meanとmedian
02
03  このスクリプトを実行すると、結果欄に以下のような値が出力されるのがわかります。
04  ```
05  平均:58.77
06  中央値:54
07  ```
08  このようにデータの集計はPythonを使えば簡単に行えます。
```

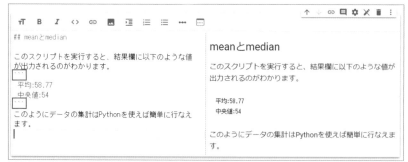

図3-4-5　最後にまとめのテキストを記述して完成

　ここでは、```という記号で平均と中央値の前後を挟んでいます。「`」の記号は「バッククォート」という名前で「シングルクォート」とは異なります。日本語キーボードの場合は［Shift］キーと［@］キーを同時に押すことで入力できます。これは、HTMLでいう\<pre\>タグに相当するもので、プログラムリストなどを掲載するのに用います。デフォルトでは、グレーの背景のエリアとして表示されます。\<pre\>タグと同じく、ここに書かれたテキストは本文テキストのように自動的に折り返し表示されません。書かれたそのままの形で表示されます。

💡 レポート全体をチェック！

　すべて完成したら、レポートの全体を見てみましょう。テキストとPythonのプログラムが混在して1つのレポートが完成していることがわかります（**図3-4-6**）。

　一般的なドキュメント作成ソフトを使って同様のレポートを作ることは可能ですが、Colaboratoryには他のソフトにはない大きな利点があります。それは、「書かれたプログラムは、いつでも実行し追記ができる」という点です。

　普通のレポートでは、プログラムのリストはドキュメントにまとめた段階で「実行可能なプログラム」ではなくなり、ただのテキストになっています。ところがColaboratoryは、コードセルに書かれているプログラムはいつでも再実行できます。このレポートを見た者が、自分で実際にプログラムを実行し、結果を確認できるのです。これはColaboratoryでなければできないことでしょう。

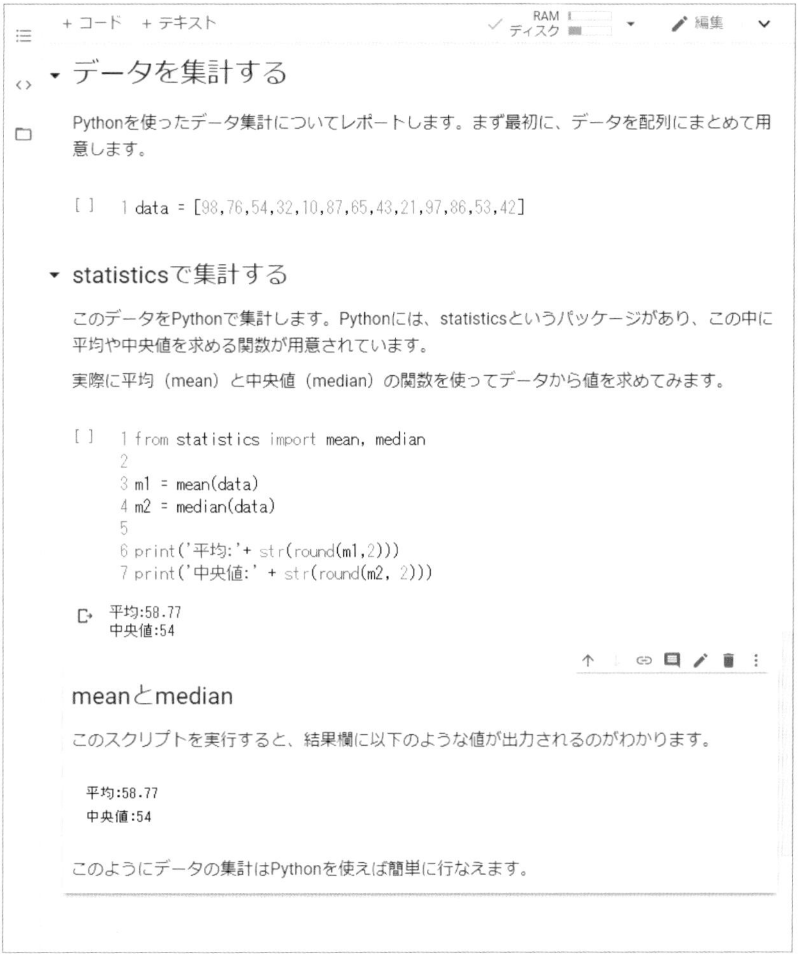

図3-4-6 テキストセルとコードセルを組み合わせてレポートが作成されている

05 目次について

　レポートができたところで、左側のサイドバーから、一番上にある「目次を表示」アイコン（≡）をクリックしてみましょう。「目次」サイドバーが現れます。

　ここには、作成したレポートのテキストセルで見出しとして設定した文が、見出しのレベルの階層のままに表示されます。ここから項目をクリックすると、そのセルが選択され表示が移動します。#で見出しとして指定したものは、そのまま「目次」サイドバーで目次として表示され利用されます。

　長いレポートを作成するようなとき、この「見出しをもとに自動生成される目次」の機能は非常に強力です。

図3-5-1　「目次」サイドバーに見出しが階層化され表示される

💡 セクションについて

　「目次」サイドバーには、「セクション」と呼ばれる機能があります。これは、見出しのテキストセルを自動生成するものです。「目次」サイドバーの「セクション」をクリックすると、現在選択されているセルの下に「新しいセクション」という見出しが付けられたテキストセルが追加されます（**図3-5-2**）。後はテキストを書き換えれば、簡単に見出しを作成できます。

　「セクション」で作られるセルは、通常のテキストセルと全く同じものです。ですから、普通にテキストセルを作って見出しを書いてもかまいません。「ここに見出しだけ追加したい」というようなときには、ワンクリックで作成できるので便利でしょう。

図3-5-2　「＋セクション」をクリックすると見出しのテキストセルが作成される

06 レポートを共有する

作成したレポートは、そのままオンラインで共有することができます。ウインドウの右上に見える「共有」ボタン（ :sup: 共有）をクリックしてください。画面に共有のためのパネルが現れます。ここで、共有の設定を行います。

図3-6-1　「共有」ボタンをクリックすると、共有のための設定パネルが現る

💡 指定アカウントと共有する

実際に、共有する相手を設定してみましょう。「ユーザーやグループの共有」にアカウント名やメールアドレスを入力するとパネルの表示が変わり、下にメッセージが入力できるようになります。ここにメッセージを書いて「送信」ボタンを押すと、そのメッセージが相手にメールで送られます。

またパネルの右側には「編集者」という表示が見えるでしょう。これは共有する相手に割り当てる権限を指定するものです。編集者では、相手もノートブックを編集することができます。「閲覧者」に変更すると、相手は見るだけでレポートは変更できなくなります。閲覧者はコメントを書けるタイプと書けないタイプ（ただ見るだけ）が用意されています。

図3-6-2
共有する相手のアクセス権とメッセージを設定する

💡 メールからノートブックを開く

　送信されたメールは、共同編集への招待状になっています。メールにある「開く」ボタンをクリックすることで、共有したノートブックが開かれ見ることができるようになります。レポート作成から他のメンバーとの共有まで、非常に簡単な操作で行えました！

図3-6-3
送信されたメール。「開く」ボタンを押してノートブックを開ける

💡 コメントの作成

　共有したメンバーのアクセス権が「編集者」あるいは「閲覧者（コメント可）」の場合、ノートブックにコメントを付けることができます。

　コメントは、セル単位で設定します。コメントを付けたいセルを選択すると、その右上に表示されるアイコンの中に「コメントを追加」というアイコンが用意されます。これをクリックすると、セルの右側にコメントを記入する表示が現れます。

　投稿されたコメントは、共有するすべてのメンバーが見ることができます。またコメントに返信したり、問題解決した際はコメントを非表示にすることもできます。Googleのドキュメントなどでコメントを利用したことがあれば、使い方は全く同じですからすぐに飲み込めることでしょう。

図3-6-4　「コメントを追加」アイコンをクリックし、コメントを作成する

07 引用について

　レポート作成について一通りの説明をしたところで、再びMarkdownに話を戻しましょう。Markdownには、さまざまな表示のための機能が用意されています。それらの中から、重要なものをピックアップして覚えていきましょう。

　まずは、引用についてです。レポートなどでは、さまざまな文献からの引用の記述が用意されますが、これは>記号を付けて記述します。

【書式】テキストを引用する

```
> 引用テキスト
```

　このような形ですね。また>を2つ付けることで「引用の引用」、3つ付けて「引用の引用の引用」といったものも記述できます。

　注意したいのは、「複数行の引用」を記述するときです。Markdownでは、ただ改行するだけでは、テキストはすべて1行にまとめて表示されます。改行してほしい場合は、文の最後に半角スペースを2つ記述してください。

リスト3-7-1

```
01  テキストの引用を記述します。
02
03  > 引用テキストです。
04  > 複数行の表示は最後に、
05  > 半角スペース2つつけます。
06  >> 引用の引用も作れます。
07  >> 引用終わり。
08
09  このようになります。
10  引用の後は空き行をつけて本文に戻ります。
```

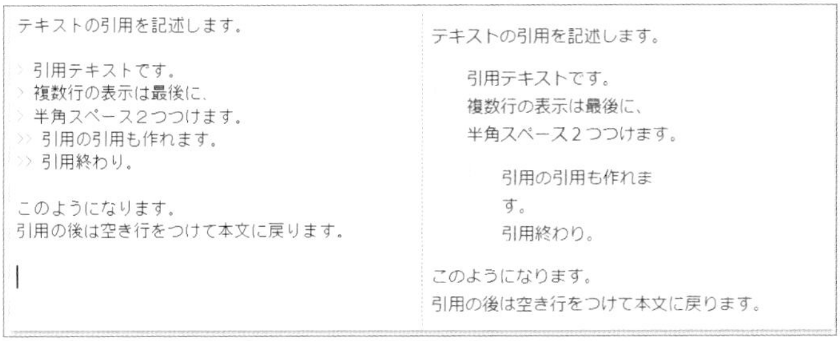

図3-7-1　引用を含んだドキュメント

08 スタイルの指定

　テキストの一部にスタイルを割り当てたい場合は、そのための記号を本文中に埋め込んで記述します。Markdownでは、以下のようなスタイル関係の記号が用意されています。

イタリック	イタリック（斜体）で表示します
ボールド	ボールド（太字）で表示します
イタリックボールド	イタリックでボールド表示します
~~取り消し線~~	取り消し線を表示します

　イタリックとボールドの記号は、「*」（アスタリスク）の他に「_」（アンダーバー）も使えます。やはり、スタイルを適用する部分の前後を記号で挟んで記述します。
　では、利用例を挙げておきましょう。

リスト3-8-1
```
01  *italic style*では、イタリック(斜体)で表示します。
02  **bold style**では、ボールド(太字)で表示します。
03  ***italic & bold***では、イタリックでボールド表示します。
04  ~~strike line~~では、取り消し線を表示します。
```

図3-8-1　テキストにスタイルを適用する

　実際にスタイルを適用する内容を色々と変えて試してみてください。すると、日本語に関してはイタリックが反映されないことに気がつくでしょう。これは、使用フォントの問題のようで、今後フォント側でイタリックのフォントが用意されれば対応できるでしょう。

09 リンクとイメージ

オンラインで配布されるレポートであれば、参照する情報などはテキストよりもリンクとして用意しておくほうが便利でしょう。リンクの作成は非常に簡単に行えます。URLを記述すると、自動的にリンクに変わるのです。注意したいのは、日本語の中にURLを記述する場合、その後に必ず半角スペースを入れるという点です。URLの後に続けて日本語を書いてしまうと、その日本語の部分までURLの一部と判断されてしまいます。

また、直接URLを表示するのでなく、テキストにリンクを設定したい場合は、以下のような形で記述をします。

【書式】テキストにリンクを設定する

```
[ テキスト ]( アドレス "タイトル")
```

[ ]に表示するテキストを用意し、その後に( )でURLを指定します。URLの後にはタイトルを指定することもできます（タイトルは、URLにマウスポインタを重ねたときに、ポップアップで表示されます。省略してもOK）。これにより、そのテキストに指定のアドレスがリンクとして設定されます。

では実例を挙げましょう。

リスト3-9-1

```
01  ###リンクの作成
02  Markdownのリンクは、http://google.com というようにURLを自動的にリンクと→
    して表示します。
03
04  また、[google](https://google.com) というようにテキストにリンクを設定す→
    ることもできます。
```

半角スペースを入れる

図3-9-1　URLとテキストにリンクを設定する

Chapter 3

💡 イメージの表示

　このリンクの表示機能は、そのままイメージの表示にも利用できます。( )で指定する部分にイメージのURLを指定することで、そのイメージをセル内に埋め込むことができます。これもやってみましょう。

リスト3-9-2

```
01  #イメージの表示
02  ![image](https://p2.piqsels.com/preview/952/600/863/cat-asleep- →
    calm-cat-sleeping-thumbnail.jpg)
```

　イメージはこのようにリンクと同じやり方で埋め込めます。

図3-9-2　イメージを埋め込む

　ここでは公開されている再利用可のイメージを埋め込んでいます。こんな具合に、アドレスさえわかればレポート内でイメージを使うのは簡単なのです。

　「では、イメージをセッションストレージにアップロードして表示したい場合は？」と思った人。これは、現状ではうまく表示できません。そもそもセッションストレージの内容はそのセッション用のものであり公開されているわけではありません。また、ランタイムが終了すると、アップロードしたファイルも消えてしまいます。

　したがって、そこにあるイメージを埋め込んでも、レポートを公開した場合はうまく表示されないでしょう。イメージを埋め込む際は、「公開されているURL」を指定するのが基本、と考えてください。

10 Googleドライブの ファイルを使うには？

「公開されているURL」といわれてもどうすればいいかわからない、という人は、Googleドライブにファイルを用意して利用しましょう。

　Googleドライブにあるファイルを右クリックして「共有」メニューを選びます。あるいはファイルを選択し、上部にある「共有」のアイコン（&+）をクリックしてもいいでしょう。

図3-10-1　ファイル選択し「共有」を選ぶ

　画面に共有の設定が現れます。G-Suiteではない一般のGoogleアカウントの場合、この表示の下部に「リンクを知っている全員に変更」というリンクが表示されるのでこれをクリックしてください。これでファイルが公開されます。「リンクを取得」というところには、公開URLが表示されていますから、これをコピーしましょう。

図3-10-2　共有の設定を「リンクを知っている全員に変更」にする

🔅 ファイルの公開URLを取得する

　ただし、この公開URLは、そのままではMarkdownのイメージとして埋め込むことはできません。この公開URLは、実はファイルのURLではなく、ファイルを表示するGoogleドライブのURLなのです。ですから、コピーした公開URLを元に、ファイルのURLを作成する必要があります。

　コピーされた公開URLは、だいたい以下のような形になっています。

```
https://drive.google.com/file/d/《ファイルID》/view?usp=sharing
https://drive.google.com/file/d/《ファイルID》?usp=sharing
```

　G-Suite利用の場合とそうでない場合で若干URLが違いますが、だいたいの形式は同じです。URLには、それぞれのファイルごとに割り振られるIDが記述されています。この部分を探してください。そして、そのファイルIDを使って以下のようなURLを作成してください。これが公開されたファイルのURLになります。

```
https://drive.google.com/uc?export=view&id=《ファイルID》
```

　このURLを、イメージ表示のURLとして指定すると、GoogleドライブのイメージファイルをColaboratoryに埋め込んで表示することができます。

　これは、Googleドライブでファイルが公開されていないと表示されません。うまく表示できない場合は、ファイルがきちんと公開されているか（特にG-Suiteユーザーの場合は、自分の所属するドメイン内に公開が限定されていないか確認してください）、そしてファイルのIDが正しいかどうかをよく確認しましょう。

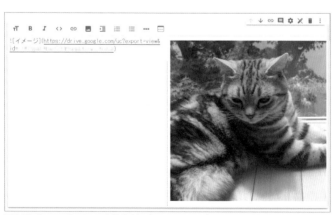

図3-10-3　ファイルのURLを指定すればGoogleドライブのイメージが表示できる

11 リストの表示

続いて、「リスト」の表示についてです。リストは、文の冒頭に「*+-」のいずれかの記号を付け、半角スペースを開けてからテキストを記述します。記号はどれを使っても構いません。これにより、その文をリストとして扱うようになります。

また、ナンバリング表示されるリストを作りたい場合は、冒頭に「1．」というように半角の数字とドットをつけて記述します。これも、その後に半角スペースを開けて文を書きます。

リスト3-11-1

```
01  # リストの設定
02  箇条書きでリストを表示したい場合は以下のようにします。
03  + こんにちは。
04  + 元気ですか。
05  + さようなら。
06
07  ナンバリングしてリストを作成する場合は以下のようにします。
08
09  1．こんにちは。
10  2．元気ですか。
11  3．さようなら。
```

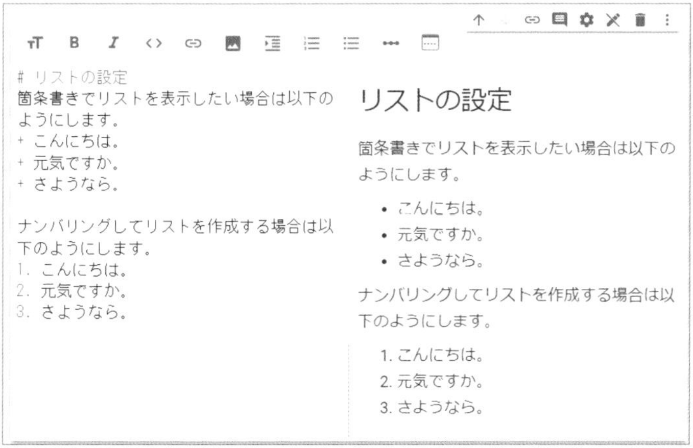

図3-11-1　箇条書きのリストとナンバリングしたリスト

💡 リストの階層化

リストは、階層化して表示することができます。これは、リストのインデント（文の冒頭に半角スペースをつけて右にずらすこと）を使って行います。インデントを付けた文は、その前の文より1つ下の階層の項目として表示されるようになります。これも例を見てみましょう。

リスト3-11-2

```
01  # リストの階層表示
02  リストを階層化して表示したい場合は以下のようにします。
03  + レベル1の項目。
04    + レベル2の項目。
05      + レベル3の項目。
06    + レベル2の項目。
07  + レベル1の項目。
```

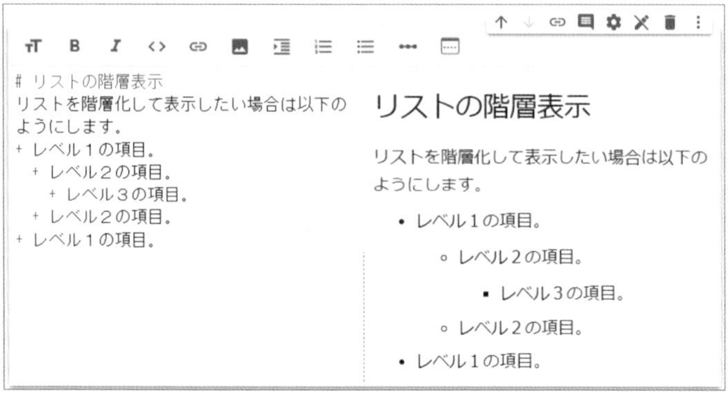

図3-11-2　リストを階層化して表示する

リストの+の左側に半角スペースを付けて表示位置を右にずらしていることがわかります。スペースの数はいくつでも構いません。

12 テーブルの作成

　テーブルの表示は、表示する項目を仕切りの記号を使って区切って記述していきます。区切るための記号は以下のようになります。

各列の仕切り	「|」記号を間にはさみます
ヘッダーの仕切り	用意する列の仕切りを「|」で表し、その間の列部分に「-」を記述します

　ヘッダーの仕切りがちょっとわかりにくいかもしれません。これは、ヘッダーとなる表示の下に仕切り線を用意するためのものです。例えば、「A ｜ B ｜ C」というように3つの値からなるヘッダーがあった場合、仕切りは「- ｜ - ｜ -」というようになります。3つの「-」が水平の仕切り線を表し、「｜」が各列の仕切りを示します。「-」も「｜」も半角の記号を使います。
　これは、言葉で説明してもよくわからないでしょう。こういうのは実物を見て覚えるのが一番です。簡単なサンプルを挙げましょう。

リスト3-12-1

```
01  # テーブルの表示
02  テーブルは以下のように記述します。
03
04  名前 | メール | 電話
05  --- | --- | ---
06  山田太郎 | taro@yamada.com | 090-999-999
07  田中花子 | hanako@flower.org | 080-888-888
08  佐藤幸子 | sachiko@happy.life |070-777-777
```

図3-12-1　テーブルを表示する

ここでは、ヘッダーに「名前　｜　メール　｜　電話」と3つの列が用意され、その下に「---　｜　---　｜　---」と仕切りが用意されています。仕切りの「-」は、このように1つだけでなく複数つけることもできます。見やすいように適当な数をつけて記述するとよいでしょう。

列の位置揃え

　数値データをテーブルにまとめるような場合、位置揃えを考える必要があります。テキストは左揃えが見やすいですが、数字のデータは右揃えにしたほうがわかりやすいでしょう。これは、ヘッダーの仕切りで指定をします。位置を揃える側にコロン（:）をつけることで、どこに揃えるかが決まります。

【書式】列の揃えを指定する

```
:--- | :---: | ---:
```

　例えば、このように仕切りが用意されているとすると、左の列から「左揃え」「中央揃え」「右揃え」になります。これも利用例を挙げましょう。

リスト3-12-2

```
01  # テーブルの表示
02  テーブルは以下のように記述します。
03
04  支店 ｜ 前期 ｜ 後期
05  - | -:| -:
06  東京 ｜ 98700 ｜ 87600
07  大阪 ｜ 7890 ｜ 6780
08  名古屋 ｜ 540 ｜ 320
```

図3-12-2　数字を右揃えにしたテーブル

13 数式の記述

Markdownでは、数式を記述するための機能も用意されています。これは、式の前後を$ではさんで記述します。

【書式】数式を記述する

```
$……数式……$
```

このような形ですね。四則演算の記号やべき乗（^）、カッコ、等号不等号などはそのまま記述できます。注意したいのは、特殊な値や分数、平方根といったものの書き方でしょう。

円周率（π）	\pi
分数	\frac{分子}{分母}
ルート	\sqrt[べき根]{内容}

とりあえず、このぐらいがわかっていれば、基本的な数式は書けるようになるでしょう。なお、分数は\fracを使いますが、普通に / 記号を使って書くこともできます。その場合は、そのままスラッシュ記号で表されます。

では、実際にいくつかの数式を書いて表示してみましょう。

リスト3-13-1

```
01  # 数式の表示
02  数式はTeXを使って記述します。
03
04  $y = x^2 + 3x$
05
06  $y = 2\pi/(r^3 - 1)$
07
08  $y = \sqrt[2]{x^3 + 2x}$
09
10  $y = \frac{1}{(x - 1)^2}$
```

図3-13-1　いくつかの数式を表示する

　\fracによる分数や、\sqrtによる平方根などがちょっと書き方がわかりにく
いでしょうが、それ以外はだいたい数式をそのまま書けばきちんとレイアウトして
表示してくれることがわかります。

　Colaboratoryでは、この他にも三角関数、対数関数、総和（シグマ）や極限、
微積分、行列などの表記が一通り用意されています。ColaboratoryのMarkdown
では、LaTeX（ラテフ）と呼ばれる理数系ドキュメントの組版システムで使われて
いる記法がある程度使えます。「もっとバリバリ数式を書くぞ！」という人は、
LaTeXの記法について調べてみましょう。

Chapter 4

pandasで
データを集計しよう

この章のポイント
・2次元リストによるデータ作成をマスターしよう
・DataFrameのデータ作成について理解しよう
・合計、平均、中央値など主な統計メソッドを使い
こなそう

01 データ集計とpandas

「仕事や学習・研究にPythonを活用したい」と思ったとき、最初に思い浮かぶのはどういう使い方でしょうか？ もちろん、人それぞれでしょうが、恐らく多くの人が思い浮かべるのは「Pythonでデータの集計や処理をしたい」というものではないでしょうか。

プログラミング言語というのは、「多少のデータを高速に計算する」という感じでとらえられています。仕事や授業・研究のデータをPythonでいろいろ便利に処理できるんじゃないか……そう考えるのは自然な流れでしょう。

もちろん、Pythonにはデータ処理のためのパッケージも揃っています。ただし、これは標準ではPythonに組み込まれていないので、通常は自分で別途パッケージをインストールし、利用できる環境を整えてやらなければいけません。

Colaboratoryの良いところは、「メジャーなパッケージが一通り揃っている」ところでしょう。別途パッケージをインストールなどする必要がなく、すぐに著名なパッケージを使うことができるのです。

○ pandasとは？

ここで使うパッケージは「pandas」（パンダス）というプログラムです。これはデータ解析を支援する様々な機能を提供するパッケージです。「データフレーム（Data Frame）」という高速データ処理のための機能を用意しており、多量のデータを高速に扱うことができます。

pandasは、Pythonでデータ処理を扱う際の「標準ツール」ともいっていいでしょう。それほどまでに広く使われているソフトです。pandasが使えれば、それだけでPythonをかなり実務に利用できるようになるはずですよ。

02 データを用意しよう

　pandasでデータ処理をするためには、当たり前ですが「データ」を用意しないといけません。これは、通常「リスト」として用意します。リストは、どういうものか覚えてますか？　たくさんの値をひとまとめにしたものでしたね（P.046参照）。

```
data = [98700, 65400, 32100]
```

　例えば、こんな具合にすればいいのですね。あるいは、データが勝手に書き換えられたりするのを予防したいなら、タプルとして作成してもいいでしょう。タプルは、[ ] の代わりに ( ) を使ってデータをまとめればいいんでしたね（P.046参照）。

2次元リストについて

　ただし、こういう「ただ、いくつかの数字が並んだだけ」というシンプルなデータは、あまり実際の業務などでは使われないでしょう。皆さんが目にするデータは、もっと複雑な形をしているはずです。例えばどういうものか、Markdownで記述してみましょう。

リスト4-2-1

```
01  #2次元リスト
02
03  店名 | 上期 | 下期
04  ---- | ----:| ----:
05  A店  | 98700|123400
06  B店  | 87600| 67890
07  C店  | 76500| 34560
08  D店  | 65400|  9100
09  E店  | 54300|  8760
```

　これは、お店の上期と下期の売り上げをまとめたデータです。こういう形のデータはさまざまなところで目にするでしょう。縦軸と横軸にそれぞれ基準となるものを指定し、表としてデータを整理したものですね。ExcelやGoogleスプレッドシートなどの表計算ソフトも基本はこの形でデータを扱います。

図4-2-1　Markdownで書いたデータのサンプル

　Pythonで、こういう形のデータを扱う場合はどうすればいいのでしょうか。これは、「2次元リスト」としてデータを用意するのです。

2次元リストの作成

　2次元リストというのは、「リストを値に持つリスト」です。つまりリストの中にリストが入っているわけですね。これは、こんな形で作成します。

【書式】リストの作成 (1)

```
[ [ 値, 値, ……], [ 値, 値, ……], …… ]
```

　見ても、何が何だかよくわからないかもしれません。こういう複雑な構造の値は途中で改行して書くことができます。もう少し見やすくしてみましょう。

【書式】リストの作成 (2)

```
[
   [ 値, 値, ……],
   [ 値, 値, ……],
   ……
]
```

　わかりますか？　リストの [ ] の中に、更に [ ] でリストを用意しています。これで2次元リストが作成できました。

　では、先ほどMarkdownで書いたデータを2次元リストとして作成してみましょう。ノートブックの「＋コード」をクリックして新しいコードセルを用意し、以下のように実行してください。

リスト4-2-2

```
01 data = [
02   ('A店', 98700, 123400),
03   ('B店', 87600, 67890),
04   ('C店', 76500, 34560),
05   ('D店', 65400, 9100),
06   ('E店', 54300, 8760)
07 ]
08 data
```

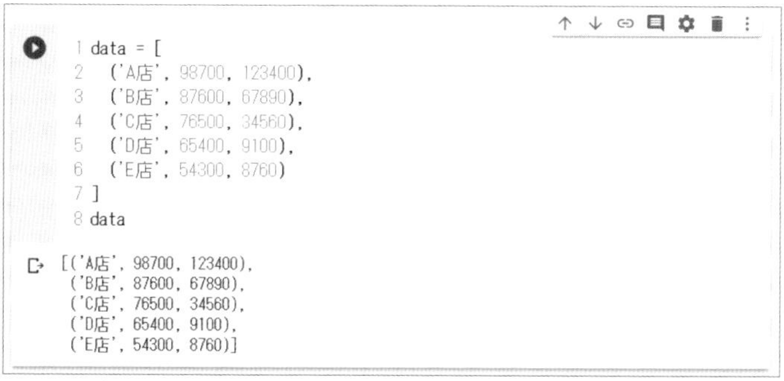

図4-2-2　変数dataに2次元リストを作成する

　今回は、各店舗の名前と上期・下期の売上を1つのタプルにまとめ、それを1つのリストにまとめてあります。リストの中にタプルが入ってるなんて、なんか不思議な感じがするかもしれませんね。

　リストとタプルは「変更可か不可か」の違いだけで基本的に同じものなので、2次元リストを作るときは、こんな具合にリストの中にタプルを入れて作ることもできます。

　こうすると「リストにある1つ1つのデータ（店舗・上期・下期のデータ）は勝手に書き換えたりされないけど、リスト自体にはデータを追加したりできる」という便利な2次元リストが作れます。

　業務などで使うデータは、勝手に変更されたりすると困りますが、データ自体を後から追加したりすることはよくあります。「個々のデータをタプルでまとめた2次元リスト」は、データを保護しつつ追加などにも対応できるので、こうした2次元データを作る際によく使われる書き方です。

　サンプルでは、リスト内にあるタプルを1つ1つ改行する形で書いてあります。こうすると、データの構造がよくわかりますね。

各店舗のデータを1つにまとめる

このように、最初からデータを2次元リストにまとめるのはけっこう大変です。実際の業務では、各店舗の情報があちこちから集められてきて、それを1つにまとめて集計する、といった作業をすることになるでしょう。

そこで、いったん各店舗のデータを変数に保管し、それらを使って2次元リストを作るにはどうするか見てみましょう。

リスト4-2-3

```
01  a = ('A店', 98700, 123400)
02  b = ('B店', 87600, 67890)
03  c = ('C店', 76500, 34560)
04  d = ('D店', 65400, 9100)
05  e = ('E店', 54300, 8760)
06
07  data = [a,b,c,d,e]
08  data
```

ここでは、変数a〜eにそれぞれの店舗のデータを保管してあります。こんな具合にデータを別々に用意した場合も、それらを配列にまとめることで2次元リストを簡単に作れます。なお、実行結果は**図4-2-2**と同じです。

上期と下期のデータを統合する

別のケースとして、「店舗名」「上期の売上」「下期の売上」といったデータが用意されていて、それを使って2次元リストを用意することもあります。これは、ちょっとしたテクニックが必要になります。

リスト4-2-4

```
01  shops = ['A店','B店','C店','D店','E店']
02  first = [98700,87600,76500,65400,54300]
03  second = [123400,67890,34560,9100,8760]
04
05  data = list(zip(shops,first,second))  ················1
06  data
```

```
1 shops = ['A店','B店','C店','D店','E店']
2 first = [98700,87600,76500,65400,54300]
3 second = [123400,67890,34560,9100,8760]
4 data = list(zip(shops,first,second))
5 data

[('A店', 98700, 123400),
 ('B店', 87600, 67890),
 ('C店', 76500, 34560),
 ('D店', 65400, 9100),
 ('E店', 54300, 8760)]
```

図4-2-3　店舗名・上期・下期データから2次元リストを作る

ここでは店舗名データと上期・下期のデータをshops、first、secondという3つの変数にそれぞれ代入してあります。そして、これらをもとに2次元配列を作成しています。これは、2つの作業が必要です。

1. まず、3つのリストを「zip」というクラスにまとめます。zipは、引数に指定した各リストから「各リストの1番目の値」「各リストの2番目の値」……という具合に、順に値を取り出して整理するものです。
2. 作成したzipオブジェクトをlistにキャスト（変換）します。これでリストが得られます。

これらをまとめて行っているのが、1の文です。zipというクラスがよくわからないかもしれませんね。これは転置関数というもので、行列の行と列を入れ替えるためのものです。といってもよくわからないと思うので、ここでは「list（zip（……））と書けばOK」と丸暗記しておきましょう。

「オブジェクト」とは？

ここでは「zipオブジェクトをlistにキャスト（変換）します」と説明しましたが、いきなり「オブジェクト」という言葉が登場して戸惑った人もいることでしょう。

Pythonでは、すべての値はデータだけでなく他にもさまざまな情報を内部に持っています。こうした「複雑な値」をすべてまとめてオブジェクトと呼びます。例えば、クラスはインスタンスを作成して利用しますが、このインスタンスはオブジェクトです。では、クラスは？　クラスもオブジェクトなのです。

つまり、クラスやインスタンスなどさまざまな「複雑な値」を総称してオブジェクトと呼んでいるのですね。

03 pandasのDataFrameを用意する

　では、pandasでデータを扱いましょう。pandasには「DataFrame」というデータを扱うための専用のクラスが用意されています。これを使ってデータを処理します。DataFrameを利用するためには、まずpandasモジュールからDataFrameをインポート（P.055参照）しておく必要があります。

【書式】DataFrameのインポート

```
from pandas import DataFrame
```

　このように実行することで、pandasにあるDataFrameクラスが使えるようになります。そしてDataFrameの値（インスタンス）は、以下のようにして作成します。

【書式】DataFrameのインスタンス作成

```
変数 = DataFrame(data=2次元リスト , columns= 列名のリスト )
```

　引数のdataには、2次元リストを指定します。columnsは、各列の名前をリストにまとめたものを用意します。この名前のリストは、dataに設定した2次元リストの列数（リストの中に組み込まれたリストの項目数）と同じだけ用意する必要があります。

　では、実際に使ってみましょう。ノートブックの「＋コード」をクリックして新しいコードセルを作成してください。そして以下のように記述し実行しましょう。

リスト4-3-1

```
01  from pandas import DataFrame
02
03  df = DataFrame(data=data,columns=('店名','上期','下期'))
04  df
```

　実行すると、変数dataに用意したデータを表にまとめたものが表示されます（**図4-3-1**）。これが、DataFrameの内容を出力したものです。DataFrameは、このようにdataで設定されたデータをテーブルにまとめて出力します。

```
1 from pandas import DataFrame
2
3 df = DataFrame(data=data,columns=('店名','上期','下期'))
4 df
```

	店名	上期	下期
0	A店	98700	123400
1	B店	87600	67890
2	C店	76500	34560
3	D店	65400	9100
4	E店	54300	8760

図4-3-1　DataFrameでデータを表示する

💡 セルを順に実行して動かす！

　なお、このプログラムは、前節の**リスト4-2-4**が実行されていないと動作しないので注意してください。**リスト4-2-4**で作成した変数dataを使っているためです。これ以後のプログラムも、すべて、Chapter 4の「その直前までのプログラムが実行済み」の前提で作成していきます。

　Colaboratoryでは、一度実行したプログラムで生成されている変数はランタイムが終了するまでずっとメモリに保持されていて利用することができます。この性質を利用し、Colaboratoryではプログラムを機能ごとに分け、それぞれセルに記述して順に実行していくような作り方をすることが多いのです。

　ここでも、このやり方でプログラムを作成していきます。各章ごとに、章のはじめから順にリストを実行していかないと動かないようになっているので、ランタイムをリスタートしたときなどは、また最初のセルから順に実行していかないとプログラムがうまく動かないケースも出てきます。この点、注意しましょう。

04 データの操作

作成されたDataFrameは、以下のように書くことで特定のデータを取り出すことができます。[ ]には2つの数字を用意することができます。

【書式】DataFrameから特定のデータを取り出す

変数 [開始 : 終了]

開始	データを取り出す最初のインデックス
終了	データの取り出しをやめるインデックス

開始インデックスは、「何番から取り出すか」を指定します。終了インデックスは、「その番号からもう取り出さない（つまり、その手前までを取り出す）」ということを示します。例えば、[1:3]とすると、インデックス番号1〜2までのデータを取り出すことになります。3は、取り出しません。

この2つの数字は、両方ともに指定する必要はありません。どちらか片方だけでも問題ありません。では、特定のデータだけを取り出してみましょう。

リスト4-4-1

```
01  start = 1 #@param {type:"slider", min:0, max:5, step:1}
02  end = 4 #@param {type:"slider", min:0, max:5, step:1}
03  df[start:end]
```

図4-4-1 2つのスライダーで指定した範囲のデータを表示する

2つのスライダーで、開始と終了のインデックス番号を指定します。これで、その範囲内のデータだけが表示されます。

この「開始と終了のインデックスを指定する」という書き方は、DataFrame特有のものというわけではありません。実はPythonの一般的なリストやタプルでも使える書き方なのです。非常に便利な書き方なので、ここで是非覚えておきましょう。

列データの追加

DataFrameは、後からデータを追加していくこともできます。列データと行データでは、追加の仕方が違います。

まずは、列データから追加しましょう。これは、意外と簡単です。dfに新しいキー（ここでは列の名前を意味します）を指定してリストを代入すればいいのです。

【書式】DataFrameの列にデータを追加する

```
変数 [ キー ] = リスト
```

例えば、サンプルのDataFrameでは、「支店」「上期」「下期」という列のデータが用意されていましたね。これらは、例えば df['支店'] というようにして、その列のデータにアクセスすることができるのです。値を取り出すだけでなく、そこに新たなデータをリストとして代入すれば、DataFrameのデータを書き換えることもできます。また、そのDataFrameにない新しいキーに値を代入すれば、新たな列が追加できるのです。

では、利用例を挙げましょう。

リスト4-4-2

```
01  data2 = [135790,97530,86420,64200,53100]
02  df['次期予想'] = data2
03  df
```

図4-4-2　「次期予想」という列データを追加する

DataFrameに「次期予想」という列を作成しています。data2というリストにデータを用意し、df['次期予想'] = data2で値を代入するだけで新しい列が用意できてしまいました！

こんな具合に、新しい列の作成はDataFrameを使うと簡単に行えます。今回は、新しい名前に値を代入したので新たな列データとして追加されましたが、既にある列の名前を指定し、データを代入して変更することも可能です。

行データの追加

続いて、行データの追加についてです。例えばサンプルならば、新たに「F店」という新規店舗のデータを追加する、というような場合ですね。これは、DataFrameの「loc」というプロパティを利用します。

【書式】DataFrameの行にデータを追加する

```
df.loc[ 番号 ] = リスト
```

locプロパティは、リストの形で値を保持しています。loc[番号]というように[ ]を使って番号を指定して値を取り出したり代入したりできます。では、これも使ってみましょう。

リスト4-4-3

```
01 (r,c) = df.shape ······························1
02 row = ['F店',43200,7650,13500]
03 df.loc[r] = row
04 df
```

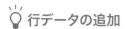

```
1 (r,c) = df.shape
2 row = ['F店',43200,7650,13500]
3 df.loc[r] = row
4 df
```

	店名	上期	下期	次期予想
0	A店	98700	123400	135790
1	B店	87600	67890	97530
2	C店	76500	34560	86420
3	D店	65400	9100	64200
4	E店	54300	8760	53100
5	F店	43200	7650	13500

図4-4-3 「F店」のデータを最後に追加する

　ここでは、最後に「F店」というデータを新たに追加しています。DataFrame
の行データを扱うとき、注意したいのは、「既にデータがある番号に値を代入すると、
そのデータを上書きしてしまう」という点です。そこで、まずDataFrameの行数
と列数を調べ、新しい行の番号に値を代入します。各行に割り当てられている番号
はゼロから始まるので、一番最後のデータの次は、行数と同じになります。

　ここでは、**1**で(r,c) = df.shapeという文を最初に実行していますね。
shapeは、DataFrameの行数と列数を保管するプロパティで、(r,c)に値を代入
することで、行数と列数をそれぞれrとcに取り出せます。ここではrは5、cは4
になります。後は、df.loc[r] = rowというようにlocのr番にデータを代入
するだけです。こちらも意外と簡単ですね。

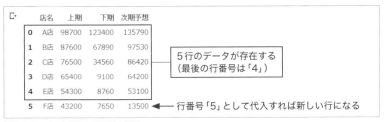

図4-4-4　データ行数と行番号の関係

💡 locはインデックスではない！

　DataFrameは番号で行データを管理していますが、注意したいのは、「この番号
はインデックス（P.046参照）ではない」という点でしょう。locの値は、「整数を
キーに設定した辞書データ」と考えたほうがいいでしょう。インデックスではない
ので、順番に割り振られるわけではありません。途中の番号を飛ばして値を設定す
ることもできますし、番号ではなく名前を設定することもできます。また途中の値
を操作しても番号が自動調整されたりはしないので注意してください。

　「じゃあ、インデックスはわからないのか」というと、そうではありません。イン
デックスで値を管理する「iloc」というプロパティもあります。

```
df.iloc[ 番号 ] = リスト
```

　このようにすれば、ゼロからの通し番号（インデックス）で行データを扱えます。
ただし、インデックスですから、既にある番号の範囲しか指定できません。**リスト
4-4-3**でdf.iloc[r] = rowと入力すると、まだ[r]のインデックスが存在し
ないためエラーになります。

05 合計・平均・中央値

　DataFrameでデータをまとめることはできるようになりました。次は、DataFrameのデータを集計してみましょう。

　DataFrameでは、[ ]をつけて特定の列データを扱うことができました。例えば、df['上期']とすることで、「上期」列のデータをまとめて扱えました。

　この[ ]で取り出した列データは、「Series」というクラスのインスタンスです。このSeriesというクラスは、列のデータを保管し、そのデータからさまざまな集計結果を計算して取り出すことができます。

　Seriesに用意されている主なメソッドを整理しておきましょう。

　これらのメソッドは、引数などはなく、ただ呼び出すだけです。各列ごとにデータを調べる場合、これらのメソッドが役立ちます。

sum()	列の合計を返す
mean()	列の平均を計算して返す
median()	列の中央値を返す
min()	列の最小値を返す
max()	列の最大値を返す
var()	列の分散を返す
std()	列の標準偏差を返す

　では使ってみましょう。

リスト4-5-1

```
01  print(df['上期'].sum())
02  print(df['下期'].sum())
03  print(df['上期'].mean())
04  print(df['下期'].mean())
05  print(df['上期'].median())
06  print(df['下期'].median())
```

```
1 print(df['上期'].sum())
2 print(df['下期'].sum())
3 print(df['上期'].mean())
4 print(df['下期'].mean())
5 print(df['上期'].median())
6 print(df['下期'].median())
```

```
425700
251360
70950.0
41893.333333333336
70950.0
21830.0
```

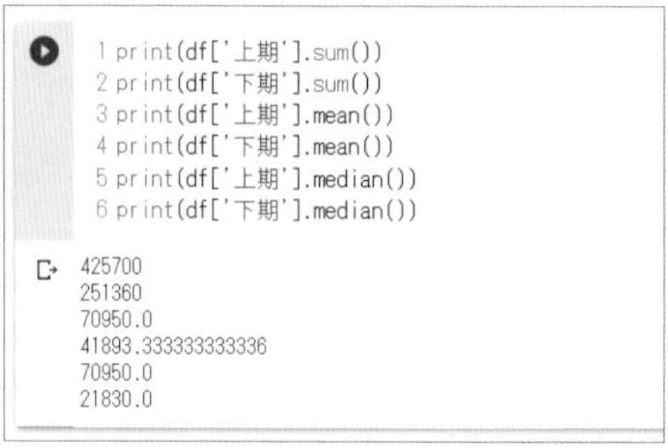

図4-5-1
DataFrameのデータから、上期と下期の合計・平均・中央値をすべて書き出しています

　df['上期'].sum()というように、DataFrameの列データ（Series）からメソッドを呼び出して値を取得します。使い方さえわかれば、割と利用は簡単ですね。

06 データのグループ化

　多数のデータを扱うとき、データをグループ分けして処理する場合があります。このようなデータの処理の仕方について説明しましょう。

　まず、DataFrameに県名の列を追加しましょう。

リスト4-6-1

```
01  region = ['東京','東京','大阪','千葉','大阪','東京']
02  df['県名'] = region
03  df
```

図4-6-1　県名のデータを追加する

　ここでは、df['県名'] = regionというようにして「県名」という列を作り、そこに各店舗の県名を設定してあります。リスト4-6-1では、東京、大阪、千葉の3県に店舗が用意されているのがわかりますね。

　では、これらのデータを県ごとにグループ化して合計してみましょう。

リスト4-6-2

```
01  gp = df.groupby('県名')
02  gp.sum()
```

　これで図4-6-2のように東京、大阪、千葉の各県ごとに支店の合計を集計できました。このようにデータを特定の要素でグループ化し、まとめて扱うということはデータの集計でよくありますね。

図4-6-2 各県ごとにグループ化し合計を表示する

💡 GroupByについて

　グループごとの集計を行う場合は、まず、DataFrameをグループ化した「GroupBy」というクラスのインスタンスを作成します。これは、DataFrameからメソッドを呼び出して簡単に行えます。

【書式】DataFrameのデータをグループ化する

```
変数 = db.groupby( 列名 )
```

　引数には、グループ化する際の対象となる列名を指定します。ここでは、df.groupby('県名')としていますね？ これで「県名」の列データをもとに、同じ値の行データをグループ化したオブジェクトを作成します。

　後は、作成されたGroupByからメソッドを呼び出すだけです。ここでは、合計を計算するsumメソッドを呼び出しました。

　用意されている集計のためのメソッドは、Seriesに用意されているのと同じです。sum、mean、median、min、max、var、stdといったメソッドがあり、呼び出すだけで結果を取り出せます。

　実行結果は、グループ化されたそれぞれの項目ごとに計算され表示されます。サンプルでは、「東京」「大阪」「千葉」といった項目とそれらの合計がテーブルとして表示されていましたね。GroupByのメソッドは、このようにグループごとの結果をテーブル化して表示します。

07 データの検索

DataFrameには、データの検索機能もあります。これを利用することで、特定のデータを素早く探し出すことができます。この検索機能は、「query」というメソッドとして用意されています。

【書式】DataFrameのデータを検索する

```
df.query( 条件 )
```

「query」メソッドは、引数に指定した条件でデータを検索し、条件にあったものだけを取り出してテーブルに表示します。引数には、列名を使って式を作成して指定するのが一般的でしょう。

では、利用例を挙げておきましょう。

リスト4-7-1

```
01 df.query('上期 + 下期 > 100000')
```

図4-7-1　上期と下期の合計が100000より大きいものを表示する

ここでは、'上期 + 下期 > 100000'という値を引数に指定しました。これは、上期と下期の合計が100000より大きいことを示します。列名は、このように列名のテキストをそのまま記述すればいいのですね。

この値を見れば気がつくでしょうが、queryの条件はテキストの値として用意します。DataFrameはこのテキストを解析して条件によるデータの絞り込みを行い、必要な情報だけを表示してくれます。

フィルターに設定する式のテキストは、基本的に「比較演算」を使うのがいいでしょう。<>=といった記号を使い、値を比較してどのような値を取り出すか考えると良いでしょう。

💡 複数の条件で絞り込む

　単純な条件の設定はすぐにでもできるでしょうが、より複雑な条件を設定するには「複数の条件」を設定する方法を知っておく必要があります。

　複数の条件は、意外と必要となることが多いものです。例えば「売上予想が10万以上20万以下」という条件を設定する場合、2つの条件が必要になります。また「上期と下期のどちらかが10万以上」というものも、やはり2つの条件が必要になりますね。

　こうした複数の条件の設定は、2通りのやり方があります。

●論理積 (AND)

　2つの条件の両方に合致するものだけを取り出すやり方です。これは「and」または「&」記号を使います。

```
式1 and 式2
```

　このようにして2つの式をつなげて記述すると、両方の式に含まれるものだけが取り出されます。

●論理和 (OR)

　2つの条件のどちらか一方に合致すればすべて取り出す、というやり方です。これは「or」または「|」記号を使います。

```
式1 or 式2
```

　こんな具合に記述することで、2つの式のどちらか一方でも含まれるものはすべて取り出されるようになります。

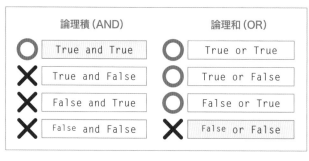

図4-7-2
ANDとORの違い。
ANDは式がすべてTrue
の場合のみTrueになる。
ORは式がすべてFalse
の場合のみFalseになる

上期・下期と次期予想を比較する

では、簡単な実例を見てみましょう。ここでは、上期と下期のどちらかが次期予想より大きい店舗を取り出してみます。

リスト4-7-2

```
01 df.query('上期 > 次期予想 or 下期 > 次期予想')
```

図4-7-3　上期または下期が次期予想より大きい店舗を表示する

これで条件にあった店舗だけが表示されます。複雑な条件に合うものを割とスムーズに絞り込むことがわかりますね。

最大の問題は、「自分がイメージする条件をパッと式にできるか」でしょう。こればかりは、慣れが必要です。何度もさまざまな検索条件を設定していく中で、自然と「こういうデータが欲しいときはこう式を作ればいいな」ということがわかってくるでしょう。

08 データの並べ替え

　最後に、表示するデータの並べ替えについて触れておきましょう。これは、DataFrameの「sort_values」というメソッドを使います。

【書式】DataFrameのデータを並び替える

```
df.sort_values( 列名リスト , ascending=真偽値 )
```

　引数には、並べ替える際の基準となる列の名前をリストにして用意します。複数の列を指定した場合は、まず1つ目の列の値で並べ替え、同じ値が複数あったときは更に2つ目の列の値で並べ替える、といったやり方をします。
　ascendingは並び順を指定するためのものです。真偽値はP.029で紹介しましたが、TrueまたはFalseのことです。Trueにすると昇順(小さいものから順)、Falseにすると降順(大きいものから順)になります。では例を挙げましょう。

リスト4-8-1

```
01 df.sort_values(['県名','店名'], ascending=True)
```

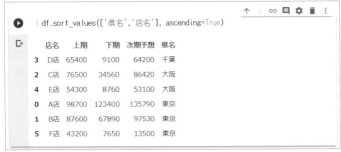

図4-8-1　県ごとにデータを並べる

　ここでは、データを県ごとに並べ替えています。漢字については、Colaboratoryで使っている文字コード(UTF-8)ではだいたい部首順に並びます。こうすると各県ごとの売上状況がわかりやすいですね。

プルダウンメニューで並べ替える

データの並べ替えは、必要に応じて簡単に「この項目で並べ替える」というように設定できたほうが便利でしょう。そこで、フォームを利用して並べ替え項目を選択してみましょう。

リスト4-8-2

```
01  sort_row = "店名" #@param ["店名", "上期", "下期", "次期予想", "県名"]
02  df.sort_values([sort_row], ascending=True)
```

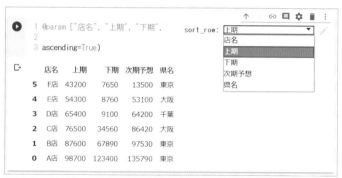

図4-8-2　プルダウンメニューから列名を選んで実行すると、その項目で並べ替えて表示する

ここでは、複数項目から1つを選ぶプルダウンメニューのフォームが表示されます。これを使って列名を選択して実行すると、その列でデータが並べ替えられます。

フォームは既に使っていますが、#@paramの後にリストを指定しておくと、リストの項目をプルダウンメニューとして表示してくれるのですね。これは、「あらかじめ用意した選択しから選ぶ」というときにとても重宝します。

なお、実際にメニューを選んで使ってみると、sort_rowに設定される値 (#@paramの左側) が"\u5E97\u540D"といった不思議な値に変わっていることに気がつくでしょう。これは「ユニコードエスケープ」と呼ばれるもので、ユニコードの文字を「\u」＋4桁の16進数で表すものです。少し難しい説明になりましたが、要は文字化けしているわけではないので心配はいりません。

09 DataFrameを使った レポート作成

DataFrameで自由に集計し作表できるようになると、これをそのまま素材に使ってレポートが作成できるのではないか？と思うでしょう。

これは、十分に可能です。DataFrameの作表の前後にテキストセルを用意し、説明テキストを用意することで、ごく一般的なレポートを作ることができます。

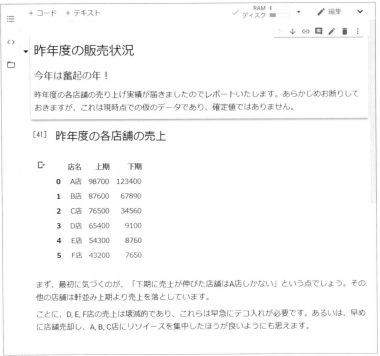

図4-9-1　テキストセルとDataFrameを組み合わせてレポートを作る

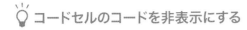
コードセルのコードを非表示にする

　こうした技術者向けでない、一般的なレポートをColaboratoryで作成するとき、注意したいのが「コードの扱い」です。

　プログラマや技術者にとっては、コードは何より重要であり、「実行コードが用意されており、いつでも再実行できる」というのがColaboratoryの最大の利点でもあります。が、一般の人に向けたレポートでは、作表やグラフ作成を行ったプログラムなど重要ではありません。むしろ、そうしたものがレポートに混じっていると「なにか難しそう」な感じがしてレポート全体の印象を悪くしかねません。

　こうしたレポートでは、コードセルのプログラム部分を隠し、結果だけを表示させることができます。これは、コードセルの冒頭に以下の文を記述します。

```
#@title
```

　これでコードセルを非表示にし、結果だけを表示できるようになります。試してみましょう。

リスト4-9-1
```
01  #@title ## 昨年度の各店舗の売上
02  df = DataFrame(data=data,columns=('店名','上期','下期'))
03  (r,c) = df.shape
04  row = ['F店',43200,7650]
05  df.loc[r] = row
06  df
```

　次ページの**図4-9-2**は#@titleを使った場合のエリアグラフの表示例です。

　これを実行すると、コードセルの右側に「昨年度の各店舗の売上」とテキストが表示されます。この部分をダブルクリックすると、左側のプログラムが非表示になり、表とタイトルのテキストだけが表示されます。

　ここでは、1行目に「#@title ## 昨年度の各店舗の売上」と記述されていますね。これでコードセルが非表示にできたのです。ここでは、#@titleの後に「## 昨年度の各店舗の売上」とテキストがありますが、これがそのままタイトルとして表示されるようになります。

　この部分はMarkdownの書き方ができるので、見出しやスタイルなどの設定をすることが可能です。タイトル表示部分をダブルクリックすればまたプログラムが表示された状態に戻せます。

これで、コードセルにタイトルと結果だけを表示させ、プログラム部分を隠せるようになりました。一般向けのレポート作成では、この機能を使ってプログラムをすべて非表示にすると良いでしょう。

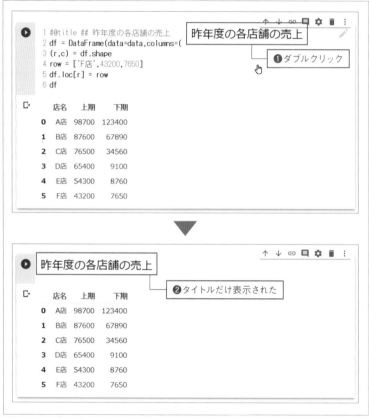

図4-9-2　実行するとコードセルの右側にタイトルが表示される。この部分をダブルクリックするとプログラムが非表示になる。レポートを共有する際には相手により非表示にしよう

Chapter 5

Altairでデータを
グラフ化しよう

この章のポイント
- ・グラフ用データの作り方を理解しよう
- ・グラフ作成の基本をマスターしよう
- ・さまざまなグラフの作り方を覚えよう

01 AltairとDataFrame

　Chapter 4では、pandasを使ってデータを処理する基本について説明をしました。pandasでは、DataFrameというオブジェクトを使ってデータを管理します。これはなかなかパワフルですが、「テーブルで表示するだけ」という点に不満が残るでしょう。

　データをわかりやすく視覚化するには、データのグラフ化が必要です。Pythonにはグラフ化のためのライブラリが多数揃っています。今回はその中から「Altair（アルテア）」というパッケージを利用してデータのグラフ化を行っていきます。

　なぜ、Altairを使うのか。これにはいくつか理由があります。

● Colaboratoryで標準装備されている

　Altairは、Colaboratoryに標準で組み込まれています。インストールや設定などの作業は一切必要なく、すぐに使い始めることができます。

● DataFrameをそのままグラフ化できる

　これは非常に大きいでしょう。Altairでは、pandasのDataFrameをそのまま使ってグラフを作成できます。せっかくDataFrameの使い方を覚えたのですから、それをそのまま利用してグラフ化できるのは大きなアドバンテージとなるでしょう。

● グラフがきれい！

　グラフ化するソフトはいくつかありますが、Altairが作成するグラフは特に何も設定などしなくともかなりきれいなものが作成されます。せっかくグラフ化するソフトを使うなら、きれいに描けるほうがいいですね！

● コードがわかりやすい

　Altairは、「宣言方式」と呼ばれるスタイルでグラフを作成していきます。これはグラフの内容を宣言として定義していくやり方で、「インスタンスを作成し、プロパティを設定し、メソッドを呼び出し……」という一般的なやり方に比べると構造がわかりやすいのが特徴です。

　最近は、プログラムの作成に、この宣言方式を採用するライブラリやフレームワークが増えてきています。この方式のプログラムに慣れておくのは、この先、きっと役立つはずです。

02 DataFrameで データを用意する

では、Altairを利用する前に、グラフ用に使うデータをDataFrameを使って用意しておくことにしましょう。既にDataFrameの基本的な使い方はわかっていますから、データの作成はそう難しくはありませんね。

リスト5-2-1

```python
01  from pandas import DataFrame
02
03  shops = ['A店','B店','C店','D店','E店','F店',
04    'A店','B店','C店','D店','E店','F店']
05  vals = [98700,87600,76500,65400,54300,43200,
06    123400,67890,34560,9100,8760,7650]
07  season = ['上期','上期','上期','上期','上期','上期',
08    '下期','下期','下期','下期','下期','下期']
09  data = list(zip(shops,vals,season))
10  df = DataFrame(data=data,columns=('店名','売上','期間'))
11  df
```

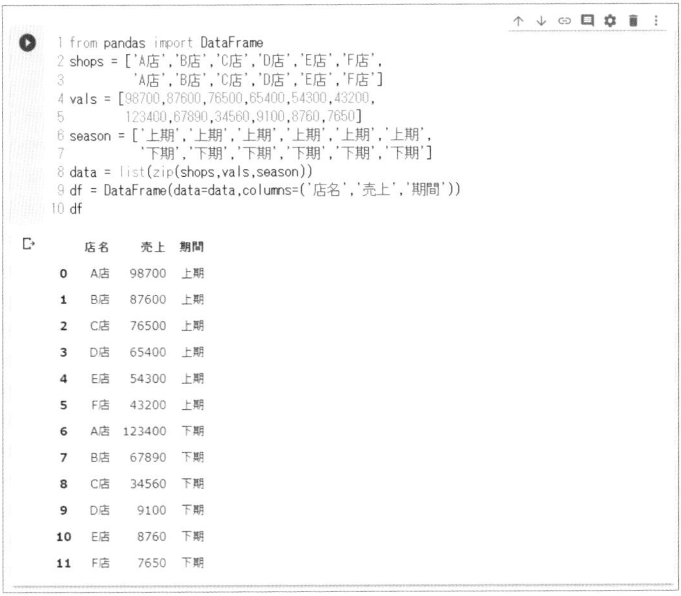

図5-2-1　DataFrameでグラフ用のデータを用意する

Chapter 4で作成したデータを少しアレンジしただけです。Chapter 4では、上期と下期をそれぞれ別の列として用意していましたが、今回は「売上」という列に上期と下期の両方のデータをまとめて入れてあります。そして、それとは別に「期間」という列を用意し、上期か下期かを指定しています。

　Altairでは、グラフに使うデータはこのように1つの列にすべてまとめてしまうのが一般的です。表示に使うデータはすべてひとまとめにし、それとは別にデータを整理するための列を用意しておく、というわけです。

新しい章は、新しいノートブックで

　Colaboratoryでは、最初のセルから順に実行していくようにプログラムを作るのが基本、と説明をしました。ランタイムが再実行されたりすると、それまでのプログラムを順に実行していかないと新しいプログラムが動かない、とも説明しましたね（P.095参照）。
　けれど、本書に掲載されるリストは結構な数になります。さすがに「一番最初のものから全部実行しないと動かない」というのでは不便でしょう。これでは、最後の章になると相当な数のセルを実行しないといけなくなります。また全部のリストを1つのノートブックに別々のセルとして作成していったら動作もかなり遅くなってしまうでしょう。

　そこで本書では章ごとにまとめる形でリストを作成しています。Chapter 5のプログラムは、Chapter 5の最初にあるリストから順に動かしていけば正常に動作します。Chapter 4までのプログラムは実行しなくても問題ありません。
　実際に動かしながら読み進めたい、という人は、「新しい章が始まったら、新しいノートブックを作って動かす」と考えるといいでしょう。

03 Altairで棒グラフを描く

　では、用意したデータをもとにAltairでグラフを作成してみましょう。まずは、グラフの基本として「棒グラフ」を作成していくことにします。

　では、棒グラフ作成の基本的な手順を整理して説明しましょう。まず最初に、Altairをインポートする文を用意します。

【書式】Altairのインポート

```
import altair as alt
```

　import文の最後に「as alt」とありますが、これはAltairに「alt」という名前を付けるという意味です。これで、Altairのモジュールが「alt」という名前で使えるようになります。以後、「alt.○○」というように関数などを呼び出せるようになります。

　グラフの作成は、まず「Chart」というクラスのインスタンスを作成します。

【書式】Chartのインスタンス作成 (1)

```
変数 = alt.Chart( データ )
```

　引数には、グラフ作成に使用するデータを指定します。これは、DataFrameをそのまま渡せばいいでしょう。

◌ Chartをインポートすると？

　上では、altairモジュールをasというものでaltという名前でインポートして使いました。が、altairからChartだけをインポートすることもできます。この場合は、

【書式】Chartクラスだけのインポート

```
from altair import Chart
```

　このように書けばいいでしょう。P.055でも説明をしましたね。この場合、Chartの利用はクラス名を指定するだけで利用できるようになります。

```
変数 = Chart( データ )
```

　こちらのほうが、よりシンプルでいいかもしれませんね。ただ、この章ではあと
の方になってChart以外のものも利用するので、altairモジュールをインポート
するやり方にしてあります。どちらもやり方でも書けるようになるといいですね！

 ## 棒グラフの描画

　これでChartは作成できました。ただし、この段階ではまだグラフは描かれませ
ん。ここからメソッドを呼び出してグラフを作成します。なお《》で囲んだ部分は
書かれているクラスのインスタンスを表しています。

【書式】棒グラフを作成する設定を行う

```
変数 =《Chart》.mark_bar()
```

　Chartインスタンスから「mark_bar」というメソッドを呼び出します。これは、
グラフを棒グラフとして作成するように設定するものです。ここから更に「encode」
というメソッドを呼び出します。

【書式】グラフを生成する

```
《Chart》.encode(
    x=列名,
    y=列名,
)
```

　encodeは、引数に指定したデータをもとにグラフを生成するものです。引数に
は、xとyという値を用意するのが基本です。これで、グラフのX軸とY軸に使用
するDataFrameの列を設定します。
　これで、もうグラフは描けてしまいます。実に簡単ですね。

 ## サンプルデータをグラフ化する

　では、実際にサンプルを作ってみましょう。先ほど用意したDataFrameのデー
タをグラフ化してみます。

リスト5-3-1

```
01 import altair as alt
02
03 season_name = "上期" #@param ["上期", "下期"] ················
04 df2 = df.query('期間 == "' + season_name + '"') ··········· 1
05
06 alt.Chart(df2).mark_bar().encode( ································
07     x='売上',
08     y='店名', ······················································· 2
09 )
```

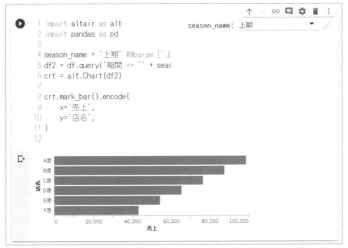

図5-3-1　フォームから「上期」「下期」を選んで実行すると、その期間のグラフが描かれる

リスト5-2-1で作成したDataFrame（ここではdf）には、「期間」という列に、「上期」と「下期」のデータがありました。ここではフォームを使い、プルダウンメニューから「上期」「下期」を選んで実行すると、その期間の売上をグラフとして表示します。

ここでは、まずフォームから入力された値を使ってDataFrameから必要なデータだけを取り出しています（1）。

```
season_name = "上期" #@param ["上期", "下期"]
df2 = df.query('期間 == "' + season_name + '"')
```

DataFrameのquery（P.103参照）を使ってデータの取り込みをしていますね。ここではフォームの入力した値（season_name）を使い、「期間 == '○○'」といった式を作っています。○○に「上期」と入れば、期間が上期のものだけに絞り

込んだDataFrameが得られる、というわけですね。

そして、得られたDataFrameを使ってChartを作成し、棒グラフを作ります（**2**）。

```
alt.Chart(df2).mark_bar().encode(
    x='売上',
    y='店名',
)
```

ここでは、Chart作成とmark_bar、そしてencodeを一続きにして呼び出しています。このほうが見た目にもわかりやすいでしょう？ こういう「連続してメソッドを呼び出していく」という書き方を「メソッドチェーン」といいます。1つ1つのメソッドの戻り値を変数に入れて利用するより、このほうが行数も短くなり、直感的にわかりやすいですね。

図5-3-2　メソッドチェーンはメソッドをつなげて書く

xには「売上」を、yには「店名」を指定します。これで、横軸に「売上」、縦軸に「店名」を指定してグラフが生成されます。ここでは横に伸びる棒グラフにしていますが、xとyに指定する列を逆にすれば縦に伸びる棒グラフになります。

04 項目のグループ化

サンプルのDataFrameでは、上期と下期のデータをまとめてありました。これらは、そのままx='売上'，y='店名'としてencodeしまうと、上期か下期どちらかのデータしかグラフ化されません。グラフ化する際には、グラフとして表示される1つ1つの項目（ここでは店名）はすべて異なる名前になっていないとうまく表示されません。DataFrameでは、例えば「A店」のデータは上期と下期の2つが用意されていますから、どちらかしか表示されないのです。このため、先ほどはフォームを使って上期か下期のどちらかのデータのみに絞ってグラフ化していました。

が、「どちらかしかダメ」というのではちょっと使いにくいのは確かですね。そこで、データを上期と下期でグループ化して表示するテクニックを覚えましょう。こうするのです。

リスト5-4-1

```
01  crt = alt.Chart(df)
02
03  crt.mark_bar().encode(
04      x='売上',
05      y='店名',
06      row='期間' ·····················■
07  )
```

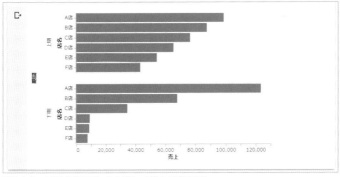

図5-4-1　上期と下期にデータをグループ化して表示する

実行すると、グラフに上期と下期のデータがそれぞれまとめられて表示されます。これならひと目で上期と下期が比べられますね。encodeの引数を見ると、

```
row='期間'
```

　このような値が追加されています（**1**）。rowは、「行」の指定を行うためのもの
です。row='期間'とすることで、データの値が「期間」ごとに「行」として表示
されるようになります。グラフを見ると、上に「上期」のグラフが表示され、その
下に「下期」のグラフが表示されていますね？ こんな具合に、rowで指定した「期
間」の値ごとにグラフが縦に並んで表示されるのです。

期間をcolumnで指定する

　rowは縦にグラフを並べて表示しましたが、横に並べて表示することもできます。
この場合は「column」という値を使います。

リスト5-4-2

```
01  alt.Chart(df).mark_bar().encode(
02      x='売上',
03      y='店名',
04      column='期間'
05  )
```

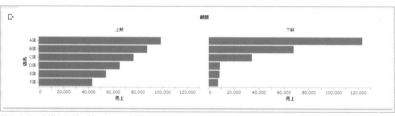

図5-4-2　上期と下期が横に並んで表示される

　これを実行すると、上期と下期の2つのグラフが横に並んで表示されます。プロ
グラムでは、row='期間'を column='期間'に変えてあります。これで、縦に
ではなく横に並んで表示されるようになります。

rowの列を変更する

リスト5-2-1で作成した df は、売上データは店名と期間で分類整理することができます。このため、row/column で期間を指定することで2つのグラフに分けて整理できたのですね。

ここで頭に入れておきたいのは、row/column で指定できるのは「期間」だけではない、という点です。店名と期間で分類できるのならば、Y軸を期間にし、row を店名にする（つまり、y と row の列名を逆にする）こともできるんじゃないでしょうか。実際にやってみましょう。

リスト5-4-3

```
01  alt.Chart(df).mark_bar().encode(
02      x='売上',
03      y='期間',
04      row='店名'
05  )
```

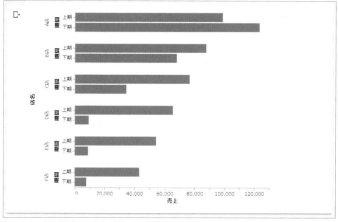

図5-4-3　各店舗ごとにグラフが作成される

今度は、各店舗ごとにグラフが並べられる形になりました。y と row の値を逆にすることで、こんな具合にグラフの分け方が変わります。

これと同様のことは、x と column でそれぞれグラフを分類するような場合にもいえます。x と column でグラフを並べて表示している場合は、両者の列を入れ替えてグラフ化することも可能です。

05 グラフのカラーについて

　ここまでのサンプルでは、描かれるグラフはすべてややグレーがかった青で棒グラフの棒が表示されていたことでしょう。このグラフの色は、固定ではありません。もっとカラフルにグラフを描くこともできます。

　まず、「棒グラフの棒の色」からです。この棒の部分は、「マーク」と呼ばれます。**リスト5-3-1**から**5-4-3**では、mark_barメソッドでバーとしてマークを作成していましたね。このmark_barを作成する際、「color」という値を使って使用する色を指定すれば、その色で棒グラフの棒が描かれるようになります。

【書式】棒グラフの色を指定する

```
mark_bar(color=色値)
```

　こんな具合ですね。指定する色の値は、"red"といった色の名前をテキストで指定したものや、16進数のテキストを使います（P.125参照）。では、試してみましょう。

リスト5-5-1

```
01  alt.Chart(df).mark_bar(color='red').encode(
02      x='売上',
03      y='店名',
04  )
```

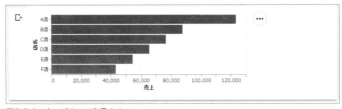

図5-5-1　赤いグラフで表示する

　ここでは、赤い棒でグラフを表示させています。プログラムを見ると、mark_bar(color='red')というように、引数にcolorという値を用意しています。ここで'red'と指定することで、赤い色で棒が描かれるようになったのです。

　'red'のように色名を指定する他、'#FF0000'というように6桁の16進数で指定することもできます。

各期間を色分け表示

Altairのcolor値は、X軸、Y軸に続く「3番目の軸」として使うこともできます。どういうことか、実際に試してみましょう。

リスト5-5-2

```
01  alt.Chart(df).mark_bar().encode(
02      x='売上',
03      y='店名',
04      color='期間'
05  )
```

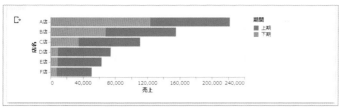

図5-5-2　各店舗の売上が上期と下期で色分けして表示される

これを実行すると、それぞれの店舗のデータが上期と下期で色分けして表示されます。2つのグラフで上期と下期が同時に表示され、かつ合計もひと目で分かるわけで、非常に便利な機能ですね！

ここでは、encodeの中にcolor='期間'と値を用意しています。これにより、「期間」の値がcolorに指定され、期間の値ごとに色分け表示されるようになったのです。colorを使うことで、本来ならrowなどで分けて表示するものを2つのグラフに色分けして描けるようになるのです。

店舗ごとに色分け表示する

row/columnとcolorを併用することで、グループ分けされたグラフをそれぞれ色分け表示することもできます。これも実例を見てみましょう。

リスト5-5-3

```
01  alt.Chart(df).mark_bar().encode(
02      x='売上',
03      y='期間',
04      row='店名',
05      color='店名'
06  )
```

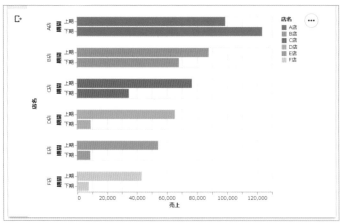

図5-5-3　店舗ごとに色分けして表示される

　ここでは、row='店名'と指定して、店舗ごとにグラフを分けて表示しています。同時にcolor='店名'と指定することで、各店舗ごとに異なる色でグラフが描かれるようになります。

 売上をグラディエーション表示

　この「値に応じて色分けする」という機能は、店舗や期間のようなものだけでしか使えないわけではありません。売上のように数値の列でも使うことができます。これも試してみましょう。

リスト5-5-4

```
01  alt.Chart(df).mark_bar().encode(
02      x='売上',
03      y='店名',
04      row='期間',
05      color='売上'
06  )
```

　これを実行すると、一番値の売上の高い項目が濃い青（紺）になり、値が少なくなるにつれ色が薄くなっていきます（図5-5-4）。
　数値に応じてグラフの棒がグラディエーションして描かれていることがわかるでしょう。

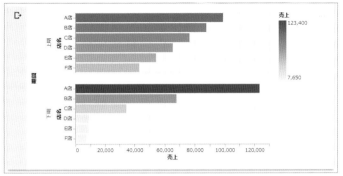

図5-5-4　売上の値に応じてグラディエーションされる

色名の指定

リスト5-5-1では「red」として赤を指定しました。その他には右のような指定が可能です。

その他の色について知りたい場合は、インターネットで「カラーコード」などの言葉で検索してみてください。

色	キーワード指定	16進数指定
ピンク	pink	#ffc0cb
紫	violet	#ee82ee
青	blue	#0000ff
水色	cyan	#00ffff
緑	green	#008000
黄緑	lightgreen	#90ee90
ベージュ	beige	#f5f5dc
黄	yellow	#ffff00
オレンジ	orange	#ffa500
茶	brown	#a52a2a
黒	black	#000000
グレー	gray	#808080
白	white	#ffffff

グラフの表示（大きさなど）は、Altairが自動的に調整してくれます。が、場合によっては、もう少し大きくしたい、小さくしたい、といったことはあるでしょう。また「グラフのタイトルを設定したい」とか、「背景が白ではさみしい」と思うことだってあります。

こうしたものは、プロパティとして用意されています。これは「properties」というメソッドを使って設定することができます。

【書式】グラフに色を設定する

```
properties(title=タイトル, width=横幅, height=高さ, background=背景色 )
```

encodeメソッドの後に、そのままpropertiesメソッドを呼び出し、これらの値を用意することでグラフの設定を行うことができます。これらの値は、すべて用意する必要はありません。設定変更したい項目のみ用意すればいいでしょう。

では、実際の利用例を挙げておきます。

リスト5-6-1

```
01  alt.Chart(df).mark_bar().encode(
02      x='店名',
03      y='売上',
04      color='期間'
05  ).properties(
06      title='各店舗の売上一覧',
07      width=400,
08      height=100,
09      background='#ddddff'
10  )
```

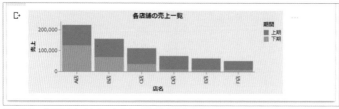

図5-6-1　グラフのタイトル、大きさ、背景色を設定する

グラフのタイトル、背景色、縦横の大きさをpropertiesで設定しました（■）。これらが設定できると、作成した図を他で利用することも容易になりますね。

💡 インタラクティブに操作する

大きさを小さくしたりすると、グラフが見づらくなるのが問題です。が、Altairには「グラフをインタラクティブに操作できるようにする」機能があります。これを利用することで、利用者がグラフを操作し詳しく調べることができます。

リスト5-6-2
```
01  alt.Chart(df).mark_bar().encode(
02      x='店名',
03      y='売上',
04      color='期間'
05  ).properties(
06      title='各店舗の売上一覧',
07      width=200,
08      height=200,
09  ).interactive()·················2
```

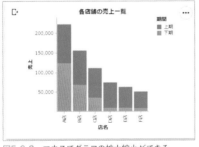
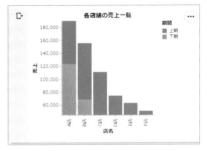

図5-6-2　マウスでグラフの拡大縮小ができる

このグラフは、マウスのホイールで拡大縮小することができます。またマウスでドラッグしてグラフの表示を動かすこともできます。サンプルのようなデータ量の少ないグラフではあまり感じないでしょうが、たくさんのデータを表示するグラフでは拡大縮小して見たい場所をアップして見られるとずいぶんとわかりやすくなります。

このインタラクティブ機能は、2のように「interactive」というメソッドを最後に呼び出すだけです。これだけで自動的にインタラクティブに操作できるグラフになります。

07 さまざまなグラフの作成

　ここまで棒グラフのサンプルでAltairの使い方を説明してきましたが、Altairは棒グラフしか描けないわけではありません。折れ線グラフなどももちろん作れます。

　Altairのグラフは、「グラフのマークを設定する」という形で作られています。マークというのは、グラフの値を表す図形のことです。棒グラフならば「棒（四角形）」ですし、折れ線グラフなら「直線」ですね。

　これまでのサンプルでは、Chartインスタンスを作成したあとで「mark_bar」というメソッドを呼び出していました。これが「マークをバー（棒）に設定する」という役割を果たすメソッドだったのです。これにより、棒グラフが作成されたのですね。

　したがって、mark_barの代わりに別のマーク設定メソッドを呼び出せば、グラフの表示も変わります。

折れ線グラフについて

　折れ線グラフは、「mark_line」というメソッドで設定します。「mark_line」の引数には、colorの他に「point」を指定できます。これは真偽値の引数で、Trueにすると折れ線グラフの各値にポイント（点）を表示します。

　では、これも使ってみましょう。

リスト5-7-1

```
01  alt.Chart(df).mark_line(point=True).encode(
02      x='店名',
03      y='売上',
04      color='期間',
05  ).properties(
06      width=200,
07      height=200
08  )
```

　ここでは、「encode」の引数としてcolor='期間'を指定して、上期と下期をそれぞれ色を変えてグラフ化しています（**図5-7-1**）。mark_line(point=True)とすることで、折れ線の各値部分に点が追加されています。mark_lineを呼び出すだけで、その他のencodeやpropertiesは全く変わらないことがわかるでしょう。

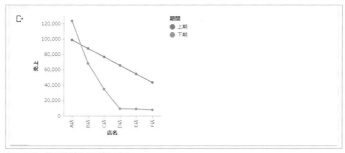

図5-7-1　折れ線グラフを表示する

💡 エリアグラフについて

　折れ線グラフの内部を塗りつぶした形になっているのが「エリアグラフ」です。
これは「mark_area」というメソッドで設定します。「line」という引数があり、
これをTrueにすると先（折れ線グラフの折れ線部分）を表示します。

リスト5-7-2

```
01 alt.Chart(df).mark_area(
02     line=True
03 ).encode(
04     x='店名',
05     y='売上',
06     color='期間',
07 ).properties(
08     width=200,
09     height=200
10 )
```

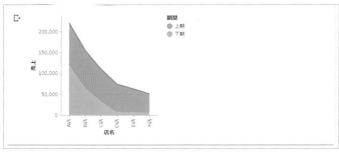

図5-7-2　エリアグラフで売り上げをまとめる

リスト**5-7-2**では売上データをエリアグラフでまとめています。color='期間'
を指定することで、期間ごとに色分けしたエリアグラフになります。

この例も、マークの設定をmark_areaにしているだけで、その他のencodeや
propertiesは全く違いがありません。

散布図について

多量のデータをグラフ化するのに用いられるのが「散布図」というものです。こ
れは、データを点としてグラフに描いていくものです。たくさんのデータの傾向を
見るようなときに用いられます。

散布図は、「mark_point」というメソッドを使います。

リスト5-7-3

```
01  alt.Chart(df).mark_point().encode(
02      x='店名',
03      y='売上',
04      color='期間',
05  ).properties(
06      width=200,
07      height=200
08  )
```

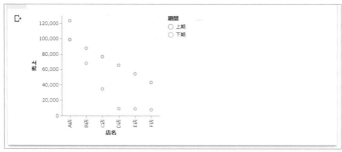

図5-7-3　データを散布図で描く

ここでは、売上のデータを2色のポイントで表示しています。データ数が少ない
のであまり散布図らしくありませんが、他のグラフと全く同じやり方で散布図が作
れることはわかりますね。

いろいろなマークのグラフが作れるようになると、「複数のグラフを作って重ねられたら」と思うようになるでしょう。これは、グラフのレイヤーを重ねることで可能になります。

複数の異なる種類のグラフを重ねるときは、まずそれぞれのグラフをChartオブジェクトとして作成し、変数に用意しておきます。そして、それらを「layer」というメソッドでまとめます。

【書式】グラフを重ねる

```
alt.layer(《Chart》,《Chart》,……)
```

このように、layerの引数に複数のChartを設定することで、それらを1つに重ね合わせてグラフ化することができます。引数に指定したChartは、第1引数のレイヤーが一番下になり、第2、第3とその上に重ねられて表示されます。やってみましょう。

リスト5-8-1

```
01 df_a = df.query('期間 == "上期"')
02 df_b = df.query('期間 == "下期"')
03
04 bars = alt.Chart(df_a).mark_bar(color='lightblue').encode(
05     x='店名',
06     y='売上'
07 ).properties(
08     width=200,
09     height=200
10 )
11 line = alt.Chart(df_b).mark_line(color='red').encode(
12     x='店名',
13     y='売上'
14 ).properties(
15     width=200,
16     height=200
17 )
18 alt.layer(bars, line)
```

■1
■2

Chapter 5

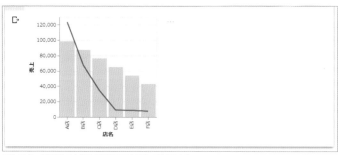

図5-8-1　棒グラフと折れ線グラフを重ねて表示する

　売上の上期は棒グラフで、下期は折れ線グラフで表示されます。ここでは、2つ
のグラフをそれぞれbars、lineという変数に代入しておき（❶）、alt.layer
で2つをひとまとめにしています（❷）。こうすることで、2つの異なる種類のグラ
フを1つのグラフに重ねて表示できます。

　このテクニックを使えば、かなり複雑なグラフも作成できるようになりますね。
ポイントは、重ねるグラフの縦横の軸が同じ列であること。ここでは、2つのグラ
フのいずれもX軸が店名、Y軸が売上になっています。同じだからこそ重ね合わせ
ることができるのです。

09 テキストセルと組み合わせ レポート作成

　Chapter 4で使った`pandas`の`DataFrame`でデータを整理し、Altairでグラフ化する。これらがスムーズに行えるようになれば、これらの実行結果を素材として各種のレポートが作成できるようになります。

　Microsoft WordやGoogleドキュメントといったワープロソフトの場合、例えば元データが修正されたりするとまたグラフや表を作り直さなければいけません。が、Colaboratoryならば、データを修正しプログラムを再実行すれば、すべて最新の状態に更新されます。またグラフのスタイルを変更したり、表の項目を変えたりするのも思いのままです。

　実際に「テキストセル」「DataFrame」「Altair」を組み合わせてレポートを作ってみれば、Colaboratoryがプログラムを駆使したレポートだけでなく、一般的なビジネスレポートにも役立つことが実感できるはずです。

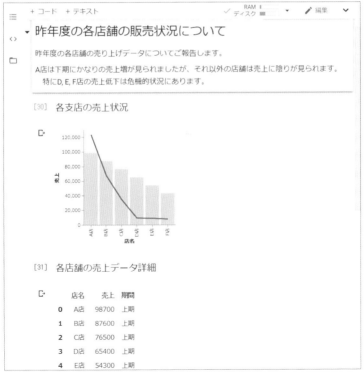

図5-9-1　テキストセルとAltair、`DataFrame`を組み合わせれば、こうしたレポートも簡単に作れる

10 他にもある、Pythonのグラフ化パッケージ

この章ではAltairというグラフ化パッケージを利用しましたが、Pythonには他にもグラフ化を行うパッケージが多数用意されています。

中でもAltair以上に広く使われているのが「matplotlib」というパッケージの「pyplot」モジュールでしょう。これもColaboratoryには標準で組み込まれているのですぐに使うことができます。簡単な利用例を挙げておきましょう。

リスト5-10-1

```
01  from pandas import DataFrame
02  from matplotlib import pyplot
03
04  shops = ['A','B','C','D','E','F']
05  vals = [123400,67890,34560,17100,8760,7650]
06  pyplot.pie(vals, labels=shops)
```

```
([<matplotlib.patches.Wedge at 0x7f3c537341d0>,
  <matplotlib.patches.Wedge at 0x7f3c53734710>,
  <matplotlib.patches.Wedge at 0x7f3c53734c18>,
  <matplotlib.patches.Wedge at 0x7f3c53741160>,
  <matplotlib.patches.Wedge at 0x7f3c53741668>,
  <matplotlib.patches.Wedge at 0x7f3c53741b70>],
 [Text(0.08359504699116636, 1.0968189769139414, 'A'),
  Text(-0.8620639434586388, -0.6832611194766911, 'B'),
  Text(0.3672210415304261, -1.036893777904617, 'C'),
  Text(0.9049560906410826, -0.6253434842238277, 'D'),
  Text(1.0536156387114592, -0.31606025669584603, 'E'),
  Text(1.0952808004825967, -0.10178392846713287, 'F')])
```

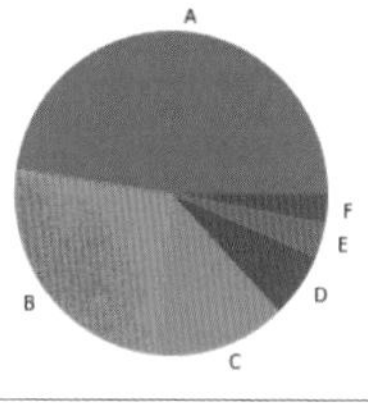

図5-10-1 matplotlibで円グラフを表示する

これを実行すると、A～Fの売上を円グラフにして表示します。Altairでは円グラフは対応していませんでしたが、pyplotではこんなに簡単に描けるのですね。

pyplotはAltairよりも豊富な機能をもっていますから、興味のある人はこちらも挑戦してみると良いでしょう。

● matplotlib Webサイト
hhttps://matplotlib.org/

Chapter 6

テキストファイルを
利用しよう

この章のポイント
- ・テキストファイルを読み書きする基本をマスターしよう
- ・tryやwithを使ったエラーへの対処を覚えよう
- ・JSONを使ってオブジェクトをテキストに保存しよう

01 Colaboratoryでファイルを利用するには？

　さまざまなデータをPythonで処理する場合、その結果をどう扱ったらいいのか？これは、大きな問題です。Colaboratoryの場合、結果はその場で表示して終わり、というケースが多いでしょう。しかしデータの処理などをColaboratoryで行う場合、その結果を他のプログラムで利用したり、他の人に送って処理することも多いでしょう。このようなときは、結果をファイルに保存しなければいけません。そこで、Pythonでのファイル利用の基本について説明しましょう。

　ファイルと一口にいっても様々な種類があります。ここでは、もっともわかりやすく扱いが簡単な「テキストファイル」のアクセスについて説明します。テキストファイルが自由に扱えるようになれば、ちょっとしたデータの保存や読み込みなどに困ることはないでしょう。

💡 Googleドライブのパスについて

　最初に、扱うファイルをどこに置くかを決めておきましょう。Colaboratoryでは、「ファイル」サイドバーでセッションストレージ（P.014参照）にファイルを配置し利用できます。が、セッションストレージのファイルは、ランタイムが切れてしまうと消えてしまいます。

　ファイルアクセスを行うなら、ランタイムに関係なく、ファイルが保存し続けられるようにしておきたいものですね。そこで、「Googleドライブ」にファイルを保存し、利用することにしましょう。

　Googleドライブは、「ファイル」サイドバーの「ドライブをマウント」アイコンをクリックするだけで簡単にマウントすることができました（P.019参照）。マウントしたGoogleドライブのファイルは、セッションストレージにあるファイルと同じようにアクセスすることができます。

　では、利用するファイルのパスをあらかじめ変数に用意しておきましょう。コードセルを用意し、以下を実行してください。

リスト6-1-1

```
01  fpath = './drive/My Drive/Colab Notebooks/message.txt'
02  fpath
```

図6-1-1 fpathにファイルのパスを用意する

Googleドライブは、マウントするとセッションストレージのディレクトリとして組み込まれます。それが「drive」という場所です。この中に、Googleドライブの「マイドライブ」が、「My Drive」フォルダとして追加されます。したがって、Googleドライブ内のファイルパスは、以下のような形になります。

```
'./drive/My Drive/……Googleドライブ内のパス……'
```

図6-1-2
「ファイル」サイドバーで、マウントしたフォルダを表示したところ

ここでは、Googleドライブ内の「Colab Notebooks」フォルダ内に「message.txt」という名前のファイルを用意することにしました。そのパスを変数fpathに用意してあります。

ファイルのパスは、このようにそれぞれのフォルダ名をスラッシュ（/）記号でつなげて記述します。注意したいのは、「冒頭には、./を付ける」という点です。ただのスラッシュではなく、ドットとスラッシュです。これは、このファイルパスが相対パス（ハードディスクのルートから正確に記したものではなく、今いるところからの位置関係で示したパス）であることを示します。「今使っているセッションストレージの場所からのパス」でファイルを指定するのがColaboratoryの基本と考えていいでしょう。

プログラムの実行についての注意

　Chapter 5でも、章の冒頭のプログラムから、1つずつ続けて入力していくようにしてください。Chapter 4以前のプログラムは実行しておく必要はありません。

02 テキストファイルを保存する

　では、実際にファイルの読み書きを行ってみましょう。まずは、「ファイルの保存」からです。これは、3つの操作を順に行う必要があります。

1. ファイルを開く

　「ファイルを開く」というのは、ファイルのリソースを用意する作業です。ファイルアクセスは、まずアクセスするファイルのリソースを用意するところから始まります。これは「open」という関数を使います。

【書式】ファイルを開く

```
変数 = open( ファイルパス , mode=モード )
```

　第1引数には利用するファイルのパス（P.137参照）をテキストで用意します。modeという引数は「モード」といって、どういうアクセスを許可するかを示すものです。例えば「読み込みのみ、書き込み不可」「読み書きOK」というように、どういうアクセスが行えるようにするかを示す値です。

　このopenの戻り値は、使用するファイルに応じて作成される「ファイルオブジェクト」と呼ばれるものになります。これで上記の書式の「変数」にファイルオブジェクトが入れられます（オブジェクトについては、P.093を参照ください）。これは、ファイルのリソースにアクセスするためのさまざまな機能を提供するオブジェクトです（モードについてはこの後で説明します）。

2. テキストを書き出す

【書式】ファイルを書き出す

```
ファイルオブジェクト.write( 値 )
```

　ファイルにテキストを書き出すには、ファイルオブジェクトの「write」メソッドを使います。引数には、書き出す値を用意します。これで、そのファイルオブジェクトのリソースに値を出力します。

3. ファイルを閉じる

【書式】ファイルを閉じる

```
ファイルオブジェクト.close()
```

書き出しが終わったら、最後にファイルオブジェクトの「close」を呼び出して、リソースを解放します。これでファイルアクセスは終了です。なお、一度closeしてしまうと、もうwriteなどのメソッドは呼び出せなくなります。

テキストをfpathに保存する

では、実際にやってみましょう。テキストを入力し、それをfpathのファイルに保存してみることにします。

リスト6-2-1

```
01  message = "Hello World." #@param {type:"string"}
02
03  f = open(fpath, mode='w')··················1
04  f.write(message)·····························2
05  print('write: ' + message)··················3
06  f.close()··································4
```

図6-2-1　fpathのファイルにフォームから入力したテキストを保存する

ここではフォームを使ってテキストを入力するフィールドを表示しています。ここでテキストを記入し実行すると、そのスクリプトがfpathのファイルに保存されます（1）。まだファイルがない場合は新たにファイルを作成しますし、既にファイルがある場合は新しくファイルを置き換えます。その後は、2でwriteでメッセージを書き込み、4でcloseでファイルを閉じています。3では、確認のためにメッセージ内容を画面に表示しています。

ここでは「open」「write」「close」の基本処理を順番に実行しているだけですね。これだけで、「ファイルを作成してテキストを保存する」という基本部分はできてしまうのです。

03 値の追記とアクセスモード

　先ほどのサンプルでは、ファイルを新しく作成して保存をします。では、既にあるファイルに値を追記したい場合はどうすればいいでしょうか。

　これは、ファイルのモードを変更すればいいのです。openでファイルを開く際、mode引数でモードを「w」と指定しました。このモードの指定によって、新たにファイルを作成するか、既にあるファイルに追記するかを設定できます。

　mode用に用意されているモードの値には以下のようなものがあります。

モードの種類

'r'	読み込みのみ (デフォルト)
'w'	書き出しのみ (ファイルが存在する場合は上書)
'x'	書き出しのみ (ファイルが存在する場合は失敗)
'a'	書き出しのみ (ファイルが存在する場合は追記)
'b'	バイナリファイルとして開く
't'	テキストファイルとして開く (デフォルト)
'+'	更新用 (読み込み／書き込み)

　これらのうち、tとrはデフォルトで設定されます。つまり、modeを省略すると、「テキストモードで読み込み専用」で開かれるわけですね。**リスト6-2-1**ではmode='w'としていました。これは「テキストモードで、書き出し用 (上書モード) で開く」となります。

　既にあるファイルに追記をしたければ、'w'ではなく、'a'を指定してopenすればいいでしょう。こうすれば、既にあるファイルの最後に値を追記するようになります。

ファイルにテキストを追記する

では、実際にやってみましょう。fpathのファイルにテキストを追記するサンプルを考えてみましょう。

リスト6-3-1

```
01  import os
02
03  message = "Hello World." #@param {type:"string"}
04
05  f = open(fpath, mode='a') ·············· 1
06  f.write(message)
07  f.write(os.linesep) ·············· 2
08  print('write: ' + message)
09  f.close()
```

```
  ↑ ↓ ⊖ ▢ ✿ ▮ :
● 1 import os            message:  メッセージを追加する。
  2
  3 message = "¥u30E1¥u30C3¥u30BB¥u30FC¥u
  4
  5 f = open(fpath, mode='a')
  6 f.write(message)
  7 f.write(os.linesep)
  8 print('write: ' + message)
  9 f.close()

⌐• write: メッセージを追加する。
```

図6-3-1　フォームにテキストを記入し、fpathのファイルに追記する

1では、open(fpath, mode='a')というようにしてファイルを開いています。これで、追記モードでファイルが開かれます。後は、普通にwriteでテキストを書き出していけばいいのです。

なお、2ではテキストを記入したあとで以下のような文を実行しています。

```
f.write(os.linesep)
```

これは何をしているのか？というと、「改行を書き出している」のです。

os.linesepは、改行コードが保管されている値です。これを書き出すことで、実行する度にテキストが改行されて書き出されるようにしています。

Chapter 6

04 ファイルを一括して読む

続いて、テキストファイルの読み込みを行いましょう。テキストの読み込みも、基本的な手順は書き出しとそれほど違いはありません。

1. ファイルを開く

【書式】ファイルを開く

```
変数 = open( ファイルパス , mode='r' )
```

openでファイルを開き、ファイルオブジェクトを取得します。このとき、modeには'r'を指定します。これで読み込みモードでファイルが開かれます。

2. ファイルを読み込む

【書式】ファイルを読み込む

```
変数 = ファイルオブジェクト.read()
```

ファイルの内容を読み込むメソッドはいくつか用意されていますが、もっとも簡単なのは「read」です。これは、ファイルに書かれているテキストを一括して読み取って返すものです。これでファイルの内容が変数に取り出されました。

3. ファイルを閉じる

【書式】ファイルを閉じる

```
ファイルオブジェクト.close()
```

最後にcloseでリソースを解放して作業完了です。

💡 fpathのファイルを読み込んで表示する

では、実際にやってみましょう。fpathのファイルを読み込んで中身を表示するプログラムを作ってみます。

リスト6-4-1

```
01  f = open(fpath, mode='r')
02  data = f.read() ·······················1
03  print(data)
04  f.close()
```

```
    1 f = open(fpath, mode='r')
    2 data = f.read()
    3 print(data)
    4 f.close()

    Hello World.メッセージを追加する。
    更に追加してみる。
```

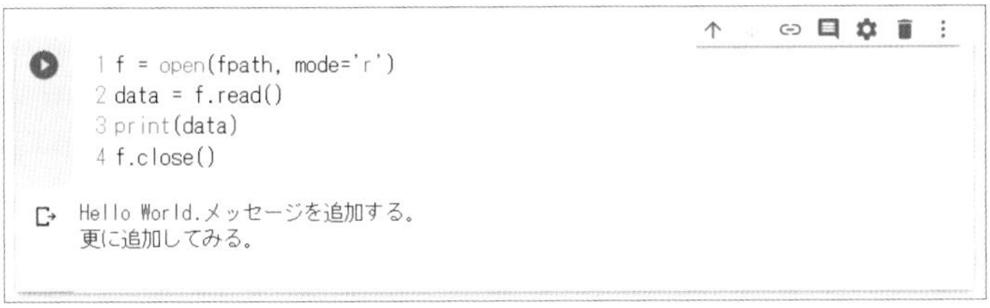

図6-4-1　fpathを読み込んで表示する

既に基本的な処理の流れは説明していますから、特に補足することはないでしょう。1のdata = f.read()で変数dataにファイルの内容が取り出されますから、後はこのdataを使ってコンテンツを利用するだけです。

05 エラー発生への対処

　これでファイルの読み書きができるようになりました。が、これだけで「ファイルアクセスは完璧！」とは、まだいえません。ファイルを利用するには、アクセスのやり方以外にも覚えておかないといけないことがあるのです。それは「エラーへの対処」です。

　ファイルアクセスは、外部にあるリソースを利用するため、予想しない問題が発生する可能性があります。読み込もうとするファイルが見つからない、書き出すファイルがロックされていて変更できない、ファイルと思ったらフォルダだった、等々。こうしたファイル利用の際に発生する問題への対処を知っておかないといけません。

　これには「例外処理」と呼ばれるものを使います。Pythonでは、プログラム実行時にエラーが起きると、「例外」と呼ばれるものを発生させます。例外は、起こったエラーに関する情報をまとめたオブジェクトです。この発生した例外を受け止めることで、エラーそのものに対処できるようになっているのです。

　この例外処理は、以下のような形をした構文で行います。

【書式】例外処理

```
try:
    例外が発生する処理
except 例外クラス as 変数:
    例外時の処理
finally:
    抜け出す際の処理
```

　`try:`の後に、例外が発生する可能性がある処理を記述します。その後の`except`には、発生する例外クラスを指定します。例外のオブジェクトは、一般にExceptionというクラスが使われますから、通常は「`except Exception as 変数:`」というように記述しておけばいいでしょう。asの後の変数には、発生したExceptionクラスのインスタンスが代入されます。後は、この変数から例外の情報などを取り出し、必要な処理をすればいいわけですね。

　最後にある「`finally:`」というのは、この構文から抜け出す際に実行する処理を用意するためのものです。これは、特に必要なければ省略可能です。この`finally:`は、例外が発生してもしなくても、構文を抜ける際には必ず実行されます。

例外処理を実装する

　では、先ほどの「fpathのファイルを読み込んで表示する」というプログラムに例外処理を組み込んでみることにしましょう。

リスト6-5-1

```
01  try:
02      f = open(fpath, mode='r')
03      data = f.read()
04      print(data)
05      f.close()
06  except Exception as ex:
07      print("ERROR!!")
```

①

②

```
1 f = None
2 try:
3    f = open(fpath, mode='w')
4    data = f.read()
5    print(data)
6    f.close()
7 except OSError as ex:
8    print("ERROR!!")
```

ERROR!!

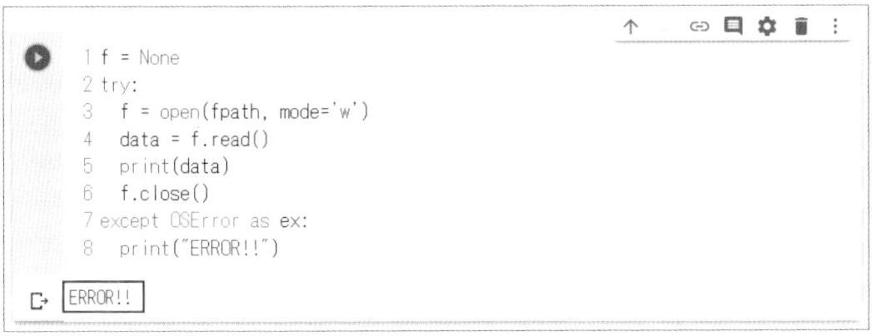

図6-5-1　例外が発生すると「ERROR!!」と表示される

　①の部分が、例外が起きるかもしれないプログラムです。この部分で例外（エラー）が起きたら、②の部分が実行されます。このサンプルではfinally:は省略しました。

　そのまま実行すれば、先ほどと同様にファイルの内容が表示されるでしょう。では、open関数のmode='r'というものをmode='w'に書き換えてみてください。これで実行すると、「ERROR!!」と出力されます。書き出しモードで開いたファイルからreadでファイルを読み取ろうとして失敗したのですね。例外処理が効いているのがわかるでしょう。

Chapter 6

06 withでファイルをopenする

　エラーが起こったとき、考えなければならないのが「closeをどうするか」です。**リスト6-5-1**を思い出してみましょう。

```
try:
    f = open(fpath, mode='r')····························1
    data = f.read()································2
    print(data)
    f.close()
```

　try:の中はこうなっていました。この中でエラーが起こると、そこでexcept
にジャンプして処理をするわけですね。そうすると、エラーが発生した場所以降に
ある処理は実行されません。例えば、2のf.readのところでエラーが起こると、
その下にあるprintやf.closeは実行されないわけです。
　「では、finally:を使ってcloseすればいいじゃないか」と考えるかもしれま
せん。が、そうすると、1のopenでエラーが発生する（まだファイルを開いてない）
場合は、今度は「開いてないファイルをcloseした」ということで別のエラーが発
生してしまいます。「エラー時にcloseをどうすべきか?」は、意外に難しい問題
なのです。
　openでファイルを開いていたら、必ず最後にファイルをcloseするような方法
はないのか? 実は、あります。「with」というものを使うのです。

【書式】withを使ってファイルを開く
```
with open(……) as 変数:
    ファイルの処理
```

　こんな具合に、withを使ってファイルを開いて処理をします。asの後ろの変数
には、開いたファイルオブジェクトが代入されるので、それを使って処理を行います。
　このwithの利点は、「closeする必要がない」というところにあります。with
openすると、この構文を抜ける際に自動的にファイルをcloseしてくれるのです。
これは、どのような形で抜ける場合も同じです。普通に処理を実行して構文を抜け
る場合も、途中でエラーが起きてプログラムが強制終了されるようなときも、どの
ような状況でも必ず確実にファイルをcloseしてくれます。withを使えば、
closeのことは考えなくて済むのです。

closeでファイルアクセスする

では、**リスト6-5-1**を修正し、withを利用する形に変更してみましょう。

リスト6-6-1

```
01  try:
02    with open(fpath, mode='r') as f: ···············1
03      data = f.read() ·····························2
04      print(data)
05  except Exception as ex:
06    print("ERROR!!")
```

　このようになりました。1をwith構文にしました。動作は全く同じですが、close
がなくなり、スッキリしましたね。ここでは、with open(fpath, mode='r')
as f:と実行したので、開いたファイルオブジェクトが変数fに代入されています。
構文の中(2)では、このfを使ってファイルから値を取り出しています。

07 テキストを1行ずつ読み込む

　ファイルの読み込みに話を戻しましょう。読み込みは、実は書き出しよりも複雑です。単純に「全部まとめて読み込む」というなら簡単ですが、読み込んだデータを活用するためには、もっと細かく読み込みを行いたいこともあります。例えば、「1行ずつ読み込んで処理する」ということは、意外と多いものです。

　これは、実はとても簡単に行えます。ファイルオブジェクトは、for（P.048参照）を使い、ファイルオブジェクトから順に値を取り出していけるようになっているのです。

【書式】ファイルオブジェクトから1行ずつデータを取り出して処理する

```
for 変数 in ファイルオブジェクト:
    変数を処理
```

　こんな具合に、forを使ってファイルオブジェクトから順に値を変数に取り出していくと、ファイルのテキストを1行ずつ取り出して処理することができます。では、実際にやってみましょう。

リスト6-7-1

```
01  count = 0
02  try:
03    with open(fpath, mode='r') as f:
04      for p in f:
05        count += 1
06        print(str(count) + ': ' + p.strip())
07  except Exception as ex:
08    print("ERROR!!")
```

```
1 count = 0
2 try:
3   with open(fpath, mode='r') as f:
4     for p in f:
5       count += 1
6       print(str(count) + ': ' + p.strip())
7 except Exception as ex:
8   print("ERROR!!")
```

```
1: Hello World.
2: 試しに何か書いてみる。
3: 更に書いてみる。
```

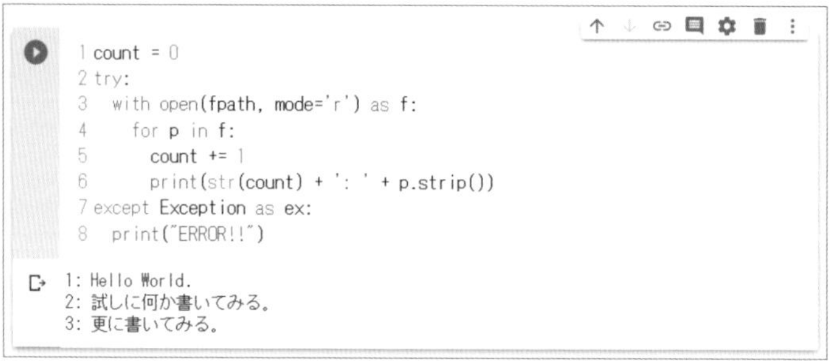

図6-7-1　fpathのテキストを行番号をつけて表示する

実行すると、fpathのファイルを読み込み、各行のはじめに行番号をつけて表示します。行ごとに処理ができると、こんなことも簡単に行えます。

では、ファイルをopenしてから行ごとに出力しているforの部分を見てみましょう。

```
for p in f: ································ 1
    count += 1 ····························· 2
    print(str(count) + ': ' + p.strip()) ·············· 3
```

まず 1 で、for文（P.048参照）を使ってファイルオブジェクトから1行ずつテキストを取り出して、変数pに代入しています。

2 では、行数を数えるための変数countに1を加えています。「+=」は、P.045で登場した代入演算子です。プログラムの冒頭で変数countを用意していますが、行数は「1」から始まって欲しいので、ここで1を追加しています。for文の繰り返しのたび、1つずつ行番号が増えていきます。

3 では、printで、行番号につなげて、取り出した変数pのテキストを画面に表示しています。そのまま書き出すのでなく、p.strip()としていますね。この「strip」は、テキストの前後にある余計なテキスト（空白のスペースやタブ、改行などの制御記号）を取り除いたものを返すメソッドです。行ごとにテキストを取り出すと、最後に改行コードがついていますから、それらを除去して表示していたのです。

Chapter 6

08 オブジェクトを JSONデータで書き出す

　単純な値は、テキストファイルに保存できれば他のアプリなどにも簡単にデータを移すことができます。が、複雑なデータになると、単なるテキストファイルではデータのやり取りが難しくなります。特に構造を持ったデータになると、ただのテキストファイルでやり取りするのはかなり困難でしょう。

　こうした場合、もっとも手軽な解決法は「JSON」を利用することです。JSONはJavaScriptのオブジェクトをテキストとして記述するのに考案されたデータの形式で、複雑な構造のデータをテキストとして扱うことができます。Pythonには標準でJSONデータを扱う機能が搭載されており、Pythonのオブジェクトを簡単にJSONのテキストに変換できるのです。

　JSONデータを扱うための機能は、「json」というモジュールに用意されています。利用の際には以下のように import 文を用意しておきます。

【書式】json モジュールのインポート

```
import json
```

　では、まずPythonのオブジェクトをJSONデータに変換する方法から説明しましょう。これは「dumps」という関数を使います。

【書式】PythonオブジェクトをJSONデータに変換する

```
変数 = json.dumps( オブジェクト , indent=整数 , sort_keys=真偽値 )
```

　第1引数に、JSONに変換したいオブジェクトを用意します。この他、オプションの引数も用意されており、indent では指定した値でインデント（字下げ）を付けます。例えば、indent=2とすれば、半角スペース2つでJSONデータをインデントした形で整形します。また sort_keys は、True に設定するとキー（オブジェクトのプロパティ）をソートして出力します。これらはいずれも省略できます。

データをJSON形式でファイルに保存する

では、実際に試してみましょう。簡単なオブジェクトを用意し、それをJSON形式でファイルに保存してみます。

リスト6-8-1

```
01  import json
02
03  data = {
04      'name':['Yamada','Taro'],
05      'mail':['taro@yamada.kun','ytaro@mail.address'],
06      'age':39,
07      'tel':'090-999-999'
08  }
09
10  try:
11    with open(fpath, mode='w') as f:
12      f.write(json.dumps(data,indent=2))
13      print('saved!')
14  except Exception as ex:
15    print("ERROR!!")
```

図6-8-1　変数dataの内容をfpathのファイルにJSONデータとして保存する

■では、変数dataに辞書（P.047参照）を使ったデータを用意してあります。辞書のデータは、以下のような形をしているのでしたね。

```
変数 = { キー1 : 値1 , キー2 : 値2 , ……}
```

今回は、キーとしてname、mail、age、telという4つを用意しました。そして、

nameとmailにはリストの形で値を用意し、ageにはint値、telにはstr値を
それぞれ保管してあります。こういう複雑な値をテキストに保存するのは大変です
ね。

②では、f.write(json.dumps(data,indent=2))でdataをファイルに
保存しています。indent=2でインデントを設定して保存しておきました。

実際、どのように保存されているのか、fpathのファイル（Googleドライブの
「Colab Notebooks」フォルダに保存された「message.txt」）をダブルクリック
して開いてみましょう（P.017参照）。保存されているJSONデータを確認できます。

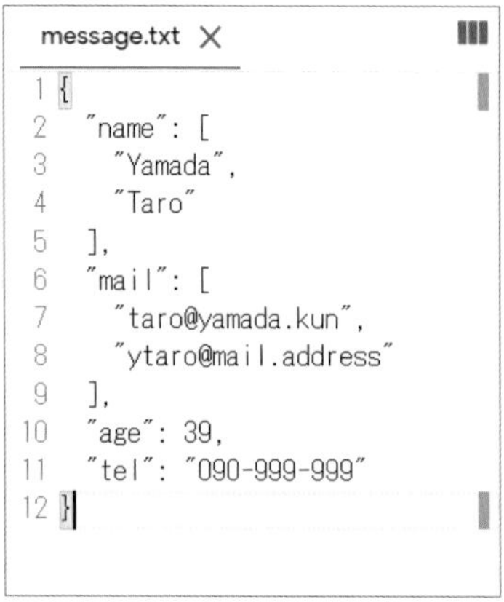

```
message.txt  ×
 1 {
 2   "name": [
 3     "Yamada",
 4     "Taro"
 5   ],
 6   "mail": [
 7     "taro@yamada.kun",
 8     "ytaro@mail.address"
 9   ],
10   "age": 39,
11   "tel": "090-999-999"
12 }
```

図6-8-2
message.txtを開いてみると、このようなJSONデータが保存
されているのがわかる

JSONって、なに？

皆さんの中には「JSON」という名前を初めて耳にした人もいることでしょう。JSONでは、{}
記号を使い、Pythonの辞書のような形でデータの構造を表現していきます。

```
{
   キー ： 値,
   キー ： 値,
}
```

こんな具合ですね。複雑なデータになると、値の部分に、更に{}によるデータを記述するこ
ともできます。そうやって「データの値部分に更にデータ、そのデータの値部分に更に……」
という具合にして複雑な構造のデータを記述していくことができるのです。

09 JSONデータを読み込み オブジェクトに戻す

今度は、JSONデータからPythonのオブジェクトを生成する方法についてです。これは「loads」という関数を使います。

【書式】JSONデータからPythonオブジェクトを生成する

```
変数 = json.loads( データ )
```

引数には、JSONデータのテキストを指定します。これで、そのテキストをPythonのオブジェクトに変換したものが返されます。後は、作成されたオブジェクトから必要な情報を取り出し利用すればいいわけですね。

では、これも利用例を挙げておきましょう。

リスト6-9-1

```
01 try:
02   with open(fpath, mode='r') as f:
03     data = f.read()·····························1
04     obj = json.loads(data)·····················2
05     print(obj['name'])
06     print(obj['mail'])
07     print(obj['age'])
08     print(obj['tel'])
09 except Exception as ex:
10   print("ERROR!!")
```

```
1 try:
2   with open(fpath, mode='r') as f:
3     data = f.read()
4     obj = json.loads(data)
5     print(obj['name'])
6     print(obj['mail'])
7     print(obj['age'])
8     print(obj['tel'])
9 except Exception as ex:
10   print("ERROR!!")

['Yamada', 'Taro']
['taro@yamada.kun', 'ytaro@mail.address']
39
090-999-999
```

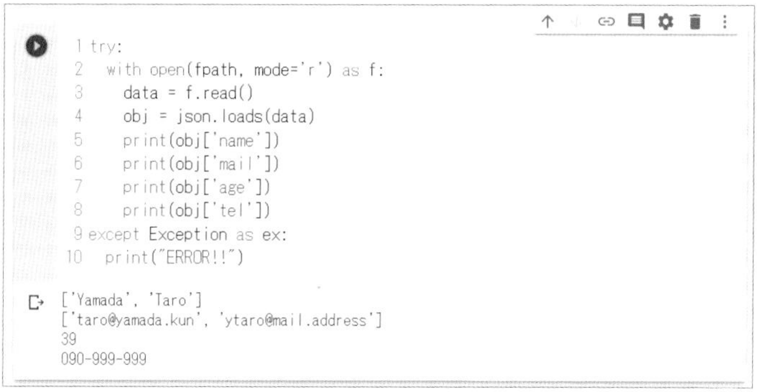

図6-9-1 fpathのファイルからJSONデータを読み込み、内容を表示する

実行すると、**リスト6-8-1**でファイルに保存したJSONデータを読み込み、その

内容を表示します。ここでは f.read で読み込んだテキスト（■）を、obj = json.loads(data)（■）というようにして Python のオブジェクトに変換しています。後は、print を使って obj 内の値を取り出し表示するだけです。**リスト6-8-1** からの流れを思い出してみてください。今回読み込んだ JSON データは、辞書の形で作成していたものを JSON 化したものでしたね。今度は JSON からオブジェクトに戻し、その辞書の中から値を取り出して表示していたのです。

　もう少し詳しく説明しましょう。辞書では、以下のような形で値を取り出すことができます。

【書式】辞書の値を取り出す

```
辞書［キー］
```

　今回は obj に辞書のオブジェクトが代入されていたので、

```
obj ['name']
```

とすると 'name' に対応する値である

```
['Yamada','Taro']
```

が取り出されて、print で表示されたのです。

　これで、テキストと Python オブジェクトを相互にやり取りできるようになりました。テキストにできれば、それを保存し他のプログラムなどに移すことも簡単に行えます。

10 JSONでデータを蓄積する

　では、実際にJSONを利用してデータをファイルに追加し保管していくサンプルを作成してみましょう。ここでは、名前・メールアドレス・年齢といったデータをまとめて保管する例を考えてみます。

　まず、これらの値を入力し、テキストファイルに追加していくプログラムを考えましょう。

リスト6-10-1

```
01  name = "" #@param {type:"string"}
02  mail = "" #@param {type:"string"}
03  age =   0#@param {type:"integer"}
04
05  import json
06  from pandas import DataFrame
07
08  fpath = './drive/My Drive/Colab Notebooks/people.json' ··········■
09
10  data = {'name':name, 'mail':mail, 'age':age}
11  try:
12    with open(fpath, mode='r') as f:
13      s = f.read()                                        ┊··········■
14      obj = json.loads(s) ········                        ┊
15  except Exception as ex:
16    obj = []
17
18  obj.append(data) ····································· ■
19
20  try:
21    with open(fpath, mode='w') as f: ···············
22      f.write(json.dumps(obj,indent=2))          ┊··········■
23      print('saved!')                            ┊
24  except Exception as ex:
25    print(ex)
```

　ここでは、name、mail、ageという3つの値を入力するフォームを用意しました（**図6-10-1**）。これらに値を記入し、プログラムを実行すると、そのデータがfpath（■）のファイルに追加されます。

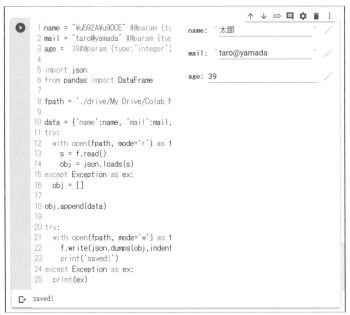

```
  1 name = "¥u592A¥u90CE" #@param {ty
  2 mail = "taro@yamada" #@param {typ
  3 age = 39#@param {type:"integer"}
  4
  5 import json
  6 from pandas import DataFrame
  7
  8 fpath = './drive/My Drive/Colab N
  9
 10 data = {'name':name, 'mail':mail,
 11 try:
 12   with open(fpath, mode='r') as f
 13     s = f.read()
 14     obj = json.loads(s)
 15 except Exception as ex:
 16   obj = []
 17
 18 obj.append(data)
 19
 20 try:
 21   with open(fpath, mode='w') as f
 22     f.write(json.dumps(obj, indent
 23     print('saved!')
 24 except Exception as ex:
 25   print(ex)
```

```
name:  "太郎                        "

mail:  "taro@yamada              "

age: 39
```

saved!

図6-10-1　フォームに入力し、プログラムを実行すると、そのデータがpeople.jsonに追加される

　このプログラムを実行して、実際にいくつかのデータを保存してみましょう。そして、「Colab Notebooks」フォルダに作成されているpeople.jsonを開いて中身をみてください。name、mail、ageといった項目からなるオブジェクトのリストが記述されていることがわかるでしょう。

```
ノートブック    people.json  ✕

 1 [
 2   {
 3     "name": "¥u592a¥u90ce",
 4     "mail": "taro@yamada",
 5     "age": 39
 6   },
 7   {
 8     "name": "¥u82b1¥u5b50",
 9     "mail": "hanako@flower",
10     "age": 28
11   },
12   {
13     "name": "¥u30b5¥u30c1¥u30b3",
14     "mail": "sachiko@happy",
15     "age": 17
16   },
17   {
18     "name": "¥u30b8¥u30ed¥u30fc",
19     "mail": "jiro@change",
20     "age": 6
21   }
22 ]
```

図6-10-2　people.jsonを開くと、name、mail、ageという項目からなるオブジェクトのリストがJSON形式で記述されている

JSONデータ追加のポイント

　ここでは、2つのファイルアクセス処理が実行されています。1つは、fpathからテキストを読み込み、それをもとにオブジェクトを生成する処理（**2**）。もう1つは、オブジェクトをfpathのファイルに書き出す処理（**4**）です。

　JSONを使ってデータを蓄積してく場合、注意したいのは「dumps」（P.150参照）したテキストをファイルに追記するやり方ではうまくいかない」という点です。mode='a'を指定して追記をした場合、ファイルにはJSON形式のオブジェクトの値がいくつも並べられていくことになります。これは、JSON形式としては正しくない形です。JSONデータは、1つのオブジェクトの中にすべてが組み込まれていないといけません。したがってデータを追記するときは、まずファイルからJSONデータを読み込んでオブジェクトに変換し、そのオブジェクトにデータを追記してから再びテキストに変換して保存する必要があります。

　ここでは、1つ目のwith open（**2**）でファイルからテキストを読み込んでオブジェクトを作成し、それにデータを追加しています（**3**）。1つ目のwith openでは、以下のような処理を実行しています。

```
try:
  with open(fpath, mode='r') as f:
    s = f.read() ·················································· 5
    obj = json.loads(s) ······································ 6
except Exception as ex:
  obj = [] ······················································· 7
```

　f.readでテキストを読み込み（**5**）、json.loadsを使ってPythonオブジェクトに変換してから変数objに設定しています（**6**）。もし、途中でエラーが発生したら、objには空のリストを追加しておきます（**7**）。問題なくデータが読めた場合はJSONデータをオブジェクトに変換して使い、そうでない場合は空のリストを使うようにしているのですね。

```
obj.append(data) ···································· 3
```

　そして、obj.append(data)というものでdataをobjに追加します（**3**）。「append」は、リストのメソッドで、引数にあるオブジェクトをリストに追加します。

【書式】リストにデータを追加する

```
リスト.append（データ）
```

```
    f.write(json.dumps(obj,indent=2)) ················ 7
```

データを追加したオブジェクトが用意できたら、それをdumpしてf.writeで
書き出します（7）。これで、正しい形式でJSONテキストが保存できます。

JSONデータをテーブルに表示する

では、保存されたJSONファイルを読み込み、内容を表示してみましょう。今回は、
読み込んだデータをpandasのDataFrame（P.094参照）で表にして表示してみま
す。

リスト6-10-2

```
01  with open(fpath, mode='r') as f:
02    res = f.read() ································· 1
03    obj = json.loads(res) ························· 2
04    data = []
05    for item in obj: ···························· 3
06      data.append(item.values())
07  df = DataFrame(data=data, columns=['Name','Mail','Age']) ···
08  df ··············································· 4
```

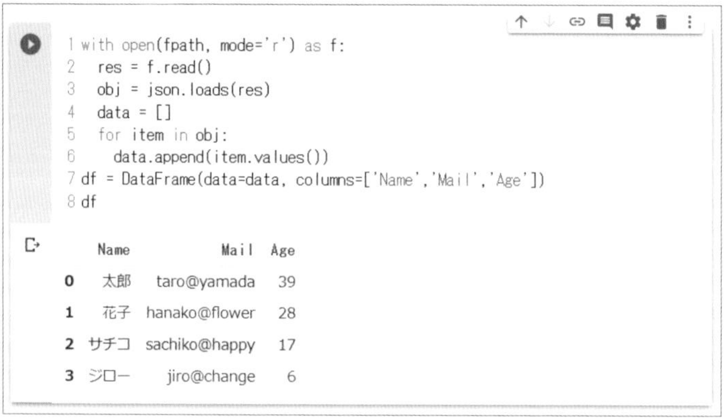

図6-10-3　JSONデータを読み込み表にまとめて表示する

実行すると、fpathのファイルを読み込み、テーブルの形にまとめて表示します。
ここでは、f.readでファイルを読み込んだ後（1）、json.loadsでオブジェク
トに変換しています（2）。が、それをそのままDataFrameで表示してはいません。

JSONデータをDataFrameに表示する

　ここでは、f.readでテキストを読み込み、json.loadsでオブジェクトに変換をしています。問題はその後です。作成されたobjから順に値を取り出し、その値だけをリストにまとめていきます（**3**）。

```
data = []
for item in obj:
  data.append(item.values())
```

　JSONのloadsで変換されるオブジェクトは、保管された値を辞書オブジェクトにしてリストに保管しています。この状態だと、DataFrameでは表示できません。DataFrameでは、辞書そのものではなく、その値だけをリストにまとめたものを用意しないといけません。

　そこで、forを使ってobjから順にオブジェクトを取り出し、その値だけをリストにまとめて用意しておいた空のリストdataにappendしています。ここでは、item.values()というものをapendでリストに追加していますが、このvaluesは辞書の値だけをリストにまとめて取り出すメソッドです。

　これで値だけがリストのリスト（2次元リスト）としてまとめられました。後は、それをもとにDataFrameを作成し表示するだけです（**4**）。

```
df = DataFrame(data=data, columns=['Name','Mail','Age'])
df
```

　columns=['Name','Mail','Age']というように列名を用意してあります。これで、JSONのデータがDataFrameでテーブルとして表示できました。

　JSONデータは、辞書を使って値をまとめています。このため、オブジェクトをそのままDataFrameに設定してもうまく表示されません。「辞書から値のリストを取り出しまとめてからDataFrameで使う」という手順を踏む必要があるのです。

　これで、JSONを使って構造的なデータを保管し利用する基本的な方法がわかりました。データ数が数万にもなってきたら別ですが、ちょっとしたデータの管理ならば、このやり方で十分行えるでしょう。

11 ファイルをアップロードする

最後に、ファイルをアップロードして利用する場合の処理についても触れておきましょう。Colaboratoryでは、ランタイム環境に作成されたファイルはランタイムが終了すると消えてしまうため、恒久的な利用には向きません。このため、この章のファイルの利用はGoogleドライブをマウントして行ってきました。

が、データなどを保存したファイルが手元にあって「すぐにDataFrameなどでデータ処理したい」というような場合は、いちいちGoogleドライブを開いてアップロードして……というのはちょっと面倒ですね。ColaboratoryからPythonのプログラムで直接ファイルをアップロードしてそのまま処理できたなら、そのほうが遥かに便利でしょう。

💡 google.colabパッケージを利用する

ファイルアップロードは、google.colabパッケージの「files」というオブジェクトを利用します。これはColaboratory用にGoogleが用意している専用パッケージです。

このパッケージにある「upload」というメソッドを利用することで、ファイルアップロードが可能になります。

【書式】アップロード用のボタンを表示する

```
変数 = files.upload()
```

引数はありません。このuploadを実行すると、セルの下部に「ファイル選択」のボタンが追加されます。これをクリックし、ファイルを選択すると、そのファイルがアップロードされます。

では、実際にファイルアップロードを試してみましょう。ここでは、アップロード後、アップロードしたファイルの名前を表示させるようにしています。

リスト6-11-1

```
01  from google.colab import files
02  f = files.upload() ·······························1
03  print('アップロードしたファイル:')
04  for fnm in f.keys():
05      print(fnm)
```

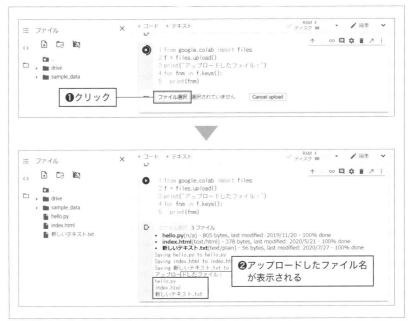

図6-11-1　実行し、「ファイル選択」ボタンをクリックしてファイルを選ぶと、それらのファイルがアップロードされる

　これを実行すると、セルの下に「ファイル選択」ボタンが現れます。これをクリックし、ファイルを選択すると、それらのファイルがアップロードされ、ファイル名が出力されます。ファイルは複数のものをまとめて選択してもかまいません。選択したファイルはすべてアップロードされ、すべてのファイルの名前が表示されます。

💡 アップロードとファイル情報

　では、アップロードしたファイルの処理について説明しましょう。ここでは、インポート文の後、以下を実行しています（■）。

```
f = files.upload()
```

　これで「ファイル選択」ボタンが追加され、それをクリックしてファイルを選ぶとそれらがすべてアップロードされます。アップロード作業そのものは、これでおしまいです。
　重要なのは、「アップロードされたファイルをどう利用するか」でしょう。これは戻り値として辞書にまとめられ返されます。例えば、こんな形になっているのです。

```
{
    "ファイル名": "……ファイルの内容……",
    "ファイル名": "……ファイルの内容……",
    ……略……
}
```

ファイル名をキーとする辞書になっているのですね。それぞれのキーには、その
ファイルの内容が値として用意されています。uploadを使えば、ファイル名とそ
のファイルの中身がまとめて取り出せてしまうのです。

```
for fnm in f.keys():
  print(fnm)
```

ここでは、keysというメソッドでキーだけをリストにまとめて取り出し、それを
forで順に出力しています。
　ファイルをアップロードして使う場合は、このようにfiles.uploadでアップ
ロードを行い、その戻り値からファイル名やファイルの内容の情報を取り出して利
用すればいいでしょう。既に内容は辞書に収められていますから、アップロードし
たファイルをまたopenで開いて……などとやる必要もありません。しかも複数
ファイルをまとめてアップロードして利用できますから、たくさんのデータファイ
ルがあるような場合は大変重宝するでしょう。

汎用性はないので注意！

　このgoogle.colabパッケージは、Colaboratoryのために作られたパッケージ
です。つまり、Colaboratory以外の環境では使えないのです。ですから、パソコ
ンなどにインストールしたPythonで使おうとしてもうまく動かない場合がありま
す。
　また、既に説明したように、アップロードしたファイルもランタイムが終了すれ
ば消えてしまいます。いつまでもファイルをそのまま保管して使いたいのであれば、
files.uploadでランタイム環境にアップロードするのではなく、Googleドライ
ブを利用しましょう。

Chapter **7**

Excelデータを
活用しよう

この章のポイント
・CSVファイルのデータを読み書きできるように
なろう
・Excelファイルのワークシートとセルの操作を覚
えよう
・フォントスタイルや罫線を設定する方法を知ろう

01 Excelデータを扱う 2つの方法

　仕事でPythonを活かしたい！ と思ったら、業務で使っているアプリやそのデータとPythonの間で情報をやり取りできる方法を知っておく必要があるでしょう。業務用アプリで、おそらく最も多くの人が利用しているものといえば「Microsoft Excel（マイクロソフト・エクセル。以下Excelと略）」ですね。ExcelのデータをPythonで扱えるようになれば、「仕事でPython利用」というのもグッと現実味を増してきます。

　ExcelのデータをPythonで扱うには、大きく2つのやり方が挙げられるでしょう。

1. データをCSVファイルとして保存し、Pythonからアクセスする
2. Excelファイルを直接Pythonから操作する

　1つ目の「CSV（Comma Separated Values）ファイル」というのは、Excelなどの表計算ソフトのデータをテキストとしてやり取りする際に用いられるフォーマットです。各セルの値をカンマと改行でまとめたもので、セルのスタイルや関数などは使えず、ただセルの値のみを他に持っていきたいようなときに使われます。「Excelで作ったデータだけが必要」という場合は、これが一番でしょう。テキストですから扱いも比較的簡単です。

　これでダメなら、ExcelのファイルをPythonから直接操作することを考えましょう。これは、OpenPyxlというパッケージを利用して行います。Colaboratoryには標準で組み込まれているため、利用の際に面倒なインストールなどは不要です。ただし、Excelのシートなどをすべてオブジェクトとして扱えるようにしているため、利用するにはそれなりに学習が必要になります。

では、サンプルとして簡単なExcelデータを用意しましょう。ここでは、以下のような内容のExcelファイルを作成しておきました。ファイル名は「サンプルスプレッドシート .xlsx」としておきます。このファイルは本書のサポートサイトからダウンロードできます。

	国語	数学	理科	社会	英語
山田太郎	98	65	70	82	97
田中花子	67	89	93	70	65
佐藤幸子	84	92	88	81	79
鈴木次郎	75	73	81	97	69
渡辺薫	59	48	54	62	99

図7-2-1　Excelでサンプルとなるデータを作成する

作成したら、CSVファイルを保存しましょう。「ファイル」メニューの「名前を付けて保存」でファイルを保存する際、「CSV（コンマ区切り）」を選択すればCSVファイルで保存することができます。

ここでは「サンプルスプレッドシート .csv」というファイル名で保存しておきました。

図7-2-2　作成した2つのファイル。.xlsxファイルがExcelファイル、.csvがCSVファイル

これら2つのファイルは、Googleドライブの「Colab Notebooks」フォルダの中に入れておきましょう。

これで、ExcelファイルとCSVファイルの2つが用意できました。これらを使い、ExcelのデータをPythonに読み込んで利用できるようにしていきます。

💡 改行に注意！

CSVファイルは、ただのテキストですから普通のテキストエディタ（メモ帳など）でも開くことができます。ファイルを作成したら、テキストエディタで開いて中身を確認してみましょう。

このとき、一番最後が改行されているかどうかチェックしてください。最後のデータの後が改行されていればOKですが、されていない場合は、改行して保存しておいてください。

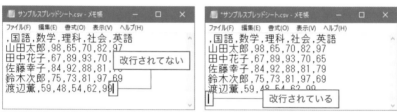

図7-2-3　最後が改行されていない（左）のは×、改行されている（右）なら○

💡 Excelがない人は？

中には「Excelなんて持ってない！」という人ももちろんいることでしょう。その場合は、Googleスプレッドシートを利用しましょう。

Googleスプレッドシートは、Googleドライブから作成できます。Googleドライブの「新規」ボタンから「Googleスプレッドシート」メニューを選択すればファイルが作成されます。ここでデータを入力していけばいいでしょう。

図7-2-4　Googleドライブの「新規」ボタンから「Googleスプレッドシート」を選ぶ

完成したスプレッドシートは、「ファイル」メニューの「ダウンロード」メニュー
からExcelファイルやCSVファイルとしてダウンロードできます。ダウンロードし
たCSVファイルをまたGoogleドライブにアップロードして利用すればよいでしょ
う。

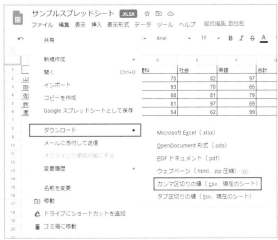

図7-2-5　Googleスプレッドシートの「ファイル」から「ダウンロード」内の
メニューを選んで保存する

💡 importとファイルパスを用意する

では、CSVを利用する準備となる処理を用意しておきましょう。コードセルに以
下を記述して実行してください。

リスト7-2-1

```
01  import csv
02  fpath = './drive/My Drive/Colab Notebooks/サンプルスプレッドシート
    .csv'
```

CSVの機能は、csvというモジュールとして用意されています。利用の際には、
import csvを書いておきます。また、fpathにはGoogleドライブに入れてお
いた「サンプルスプレッドシート.csv」ファイルのパスを用意しておきました。

03 CSVファイルを読み込む

では、CSVファイルを使ってみましょう。CSVファイルを開いてデータを読み込む場合、ファイルを開く部分はテキストファイルの処理とほぼ同じです。

1. ファイルを開く

【書式】ファイルを開く

```
変数 = open( ファイルパス , mode=モード )
```

CSVファイルを利用するには、まずopen関数でファイルオブジェクトを作成します。これはテキストファイルと同じopen関数を使います。

2. Readerを作成する

【書式】Readerクラスのインスタンスを作成する

```
変数 = csv.reader( ファイルオブジェクト , delimiter='デリミッタ' )
```

csvモジュールの「Reader」というクラスのインスタンスを作成します。引数には、openで作成したファイルオブジェクトを指定します。このReaderからCSVデータを取り出していきます。

その後にあるdelimiterという引数は、オプションです。これは「デリミッタ」というものを指定します。デリミッタは、1つ1つの値の区切り文字として使われている記号のことです。例えばカンマでデータが区切られているなら ',' とカンマを指定しますし、タブで区切られている場合は '\t' というようにしてタブ記号を指定します。

3. forで順にデータを取り出していく

【書式】Readerクラスのインスタンスから1行ずつデータを取り出して処理する

```
for 変数 in 《Reader》:
    取り出したデータを処理
```

Readerは、テキストファイルのファイルオブジェクトと同様にforで1行ずつ

のデータを取り出していくことができます。取り出された値は、その行の値をひと
まとめにしたリストになっています。ここから更に1つ1つの値を取り出して処理す
ることもできます。

4. ファイルオブジェクトを閉じる

【書式】ファイルを綴じる

```
ファイルオブジェクト.close()
```

最後にcloseでファイルオブジェクトを解放して作業終了です。

CSVファイルの内容を表示する

では、実際にCSVファイルを読み込んで使ってみましょう。**リスト7-2-1**は実
行済みですね？ では新しいセルを用意して以下のプログラムを記述しましょう。

リスト7-3-1

```
01  try:
02    with open(fpath, mode='r') as f: ············1
03      r = csv.reader(f) ······························2
04      for row in r: ·································3
05        print(row) ·····························
06  except Exception as ex:
07    print('ERROR!')
```

```
1 try:
2   with open(fpath, mode='r') as f:
3     r = csv.reader(f)
4     for row in r:
5       print(row)
6 except Exception as ex:
7   print('ERROR!')
```

```
['', '国語', '数学', '理科', '社会', '英語']
['山田太郎', '98', '65', '70', '82', '97']
['田中花子', '67', '89', '93', '70', '65']
['佐藤幸子', '84', '92', '88', '81', '79']
['鈴木次郎', '75', '73', '81', '97', '69']
['渡辺薫', '59', '48', '54', '62', '99']
```

図7-3-1　fpathのCSVファイルを読み込み、1行ずつ表示する

実行すると、fpathに指定したCSVファイルを読み込んで1行ずつ内容を表示
します。各行のデータを見ると、リストの形になっていることが確認できるでしょう。
ここでは、with openでファイルを開いています（**1**）。withを使ったやり方は

既におなじみですね (P.146参照)。CSVファイルの場合もテキストファイルと同様にこの方式が使えます。

openした後、Readerクラスのインスタンスを作成しています (**2**)。

```
r = csv.reader(f)
```

そして、for構文を使い、Readerから順にデータを取り出してそれを出力しています (**3**)。

```
for row in r:
  print(row)
```

これでrowに1行ずつのデータがリストとして取り出されていきます。ここではそのままprintで出力していますが、ここから更にforで1つ1つの値を取り出して処理することもできるでしょう。

なお、withを使ってopenしているので、closeを用意する必要はありません。これもテキストファイルの場合と同じですね。

これらの処理は、すべてtry:の中で実行されている、という点も注意してください。ファイルを利用する以上、ファイルアクセスに失敗することを考えてプログラムを作らないといけません。tryによるエラーへの対処 (P.144参照) は、CSVファイルでも必ず用意する必要があります。

04 CSVデータを保存する

　続いて、CSVデータをファイルに保存する手順について説明しましょう。これも
ファイルオブジェクトを取り出す点はテキストファイルと同じです。それからCSV
書き出し用の「Writer」インスタンスを作成して処理を行います。

1. ファイルを開く

【書式】ファイルを開く

```
変数 = open( ファイルパス , mode=モード )
```

　openでファイルを開き、ファイルオブジェクトを作成します。mode（P.140参照）
は、新たなファイルとして保存するなら'w'、追記するなら'a'にすればいいでしょ
う。

2. Writerを作成する

【書式】Writerクラスのインスタンスを作成する

```
変数 = csv.writer( ファイルオブジェクト )
```

　csvのwriter関数を呼び出し、「Writer」というクラスのインスタンスを作成
します。引数には、openしたファイルオブジェクトを指定しておきます。これで作
成したWriterから書き出しのメソッドを呼び出します。

3. リストをWriterに書き出す

【書式】リストをファイルに書き出す

```
《writer》.writerow( リスト )
```

　データの書き出しの最もわかりやすい方法は、Writerの「writerow」メソッド
を使う方法です。引数には、書き出すデータをリストにまとめたものを指定します。

4. ファイルを閉じる

```
ファイルオブジェクト.close()
```

最後にファイルオブジェクトをcloseで解放して作業終了です。

💡 データをCSVファイルに追記する

では、実際にCSVデータをファイルに書き出してみましょう。今回は、fpath
にランダムなデータを追記するプログラムを作ってみます。

リスト7-4-1

```
01  from random import randrange
02
03  data = [ ·······································
04    'random ' + str(randrange(100)),
05    randrange(100),
06    randrange(100),
07    randrange(100),                        ············· 1
08    randrange(100),
09    randrange(100)
10  ]
11
12  try:
13    with open(fpath, mode='a') as f: ············· 2
14      w = csv.writer(f)
15      w.writerow(data) ··············· 3
16      print('write random data!')
17  except Exception as ex:
18    print('ERROR!')
```

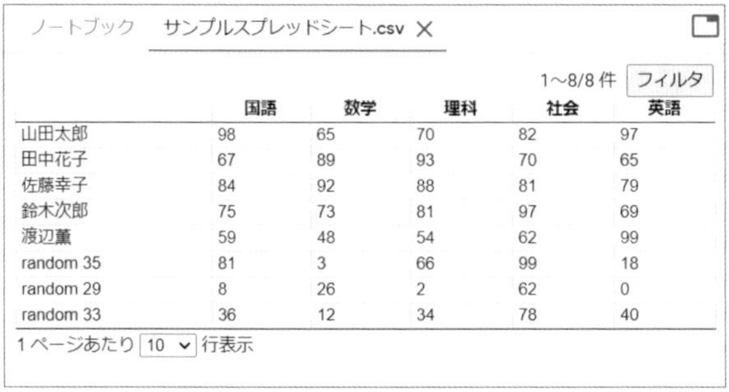

ノートブック	サンプルスプレッドシート.csv ✕				📁
				1~8/8 件	フィルタ
	国語	数学	理科	社会	英語
山田太郎	98	65	70	82	97
田中花子	67	89	93	70	65
佐藤幸子	84	92	88	81	79
鈴木次郎	75	73	81	97	69
渡辺薫	59	48	54	62	99
random 35	81	3	66	99	18
random 29	8	26	2	62	0
random 33	36	12	34	78	40

1 ページあたり 10 ∨ 行表示

図7-4-1　プログラムを何度か実行した後、fpathのファイルを開くとランダ
ムなデータが追記されているのがわかる

これを実行すると、fpathのCSVファイルの最後にランダムなデータを1行追加します。何度か実行したところで、fpathのファイル（Googleドライブの「Colab Notebooks」フォルダに保存された「サンプルスプレッドシート.csv」）を開いて中身を見てみましょう。ランダムな値が追加されているのがわかるでしょう（**図 7-4-1**）。

■では、まず変数dataにランダムなデータを用意しています。これは、追記するCSVファイルに既にあるデータと同じ形式（全部で6項目の値からなるリスト）である必要があります。そして、openでは mode='a' でファイルオブジェクトを作成し（❷）、これをもとにWriterインスタンスを作成してdataを書き出します（❸）。

```
w = csv.writer(f)
w.writerow(data)
```

これでデータがCSVファイルに書き出されます。行単位でデータを追記するのは、このようにかなり簡単に行えます。

🔆 乱数について

リスト7-4-1では、ランダムなデータを作成するのにrandomというモジュールを使っています。これは、乱数に関する機能をまとめた標準モジュールです。■でこの中の「randrange」という関数で乱数（ランダムな数）を作成しています。

【書式】乱数を作成する (1)
```
変数 = randrange( 整数 )
```

このrandrangeは、引数に指定した整数未満の整数をランダムに作成します。例えば、(100)とすれば、0〜99の範囲で乱数を作成します。もし、ゼロからではなく、指定した範囲内で乱数を作りたい場合は、2つ引数を用意します。

【書式】乱数を作成する (2)
```
変数 = randrange( 整数1, 整数2 )
```

これで、整数1以上整数2未満の範囲で乱数を作成します。乱数を作る関数は他にも色々揃っていますが、とりあえずrandrangeだけ知っていれば乱数の利用に困ることはないでしょう。

Chapter 7

05 CSVをDataFrameとAltairでグラフ化

では、CSVデータを扱えるようになったところで、その応用例として、DataFrameとAltairを使ったグラフ化に挑戦してみましょう。

既にpandasのDataFrameとAltairの基本は説明しましたね。それにプラスアルファすれば、CSVデータをグラフにできるようになります。

リスト7-5-1

```
01  from pandas import DataFrame
02  import altair as alt
03
04  data = []
05  names = []
06  try:
07    with open(fpath, mode='r') as f:
08      r = csv.reader(f)
09      for row in r:
10        if row[0] == '':
11          data.append(row)
12          continue
13        n0 = row[0]
14        n1 = int(row[1])
15        n2 = int(row[2])
16        n3 = int(row[3])
17        n4 = int(row[4])
18        n5 = int(row[5])
19        tp = (n0,n1,n2,n3,n4,n5)
20        print(tp)
21        data.append((n0,n1,n2,n3,n4,n5))
22        names.append(n0)
23  except Exception as ex:
24    print(str(ex))
25
26  df = DataFrame(data).transpose()[1:]
27  df.columns = ['教科'] + names
28
29  l1 = line = alt.Chart(df).mark_line(color='red').encode(
30      x='教科', y=names[0]
31  )
32  l2 = line = alt.Chart(df).mark_line(color='blue').encode(
33      x='教科', y=names[1]
34  )
35  l3 = line = alt.Chart(df).mark_line(color='green').encode(
36      x='教科', y=names[2]
37  )
```

1 (marker at lines 07-22)
2 (marker at line 26)
3 (marker at line 27)
4 (marker at lines 29-31)

```
38  l4 = line = alt.Chart(df).mark_line(color='cyan').encode(
39      x='教科', y=names[3]
40  )
41  l5 = line = alt.Chart(df).mark_line(color='magenta').encode(
42      x='教科', y=names[4]
43  )
44  alt.layer(l1,l2,l3,l4,l5).properties(width=300, height=300) ……… 5
```

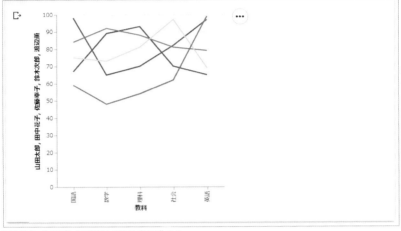

図7-5-1　生徒ごとに5教科の点数をグラフ化する

　実行すると、それぞれの生徒ごとに5教科の成績が折れ線グラフで表示されます。
今回は、CSVのデータをDataFrameで利用するのにうまく加工する必要がありま
す。何を加工するのかというと、数字の値をint値として取り出すようにするので
す。CSVのデータは、読み込むと基本的にすべてテキストの値として取り出されま
す。DataFrameでデータを扱う場合、数値はちゃんとint値になっていないとい
けません。

　5でまずCSVファイルを開いて1行ずつ読み込みます。読み込んだ行の1つ目の
セルが空だったら（row[0] == ''）、それは見出しの行であることを意味してい
るので、そのまま変数dataにappend（P.157参照）で追加します。その後にある
continueというのは、次の繰り返しに進む（この後の処理は実行しない）キーワー
ドです。row[0]が空でなかったら（つまり値が保管されているなら）、その値を
int値にする必要があるので、1つ目のセルを**n0**、2つ目のセルの値を**n1**…とい
うふうに代入します。ここでint()を使ってセルの値を数値にしています。数値に
した後、変数dataに追加します。

Chapter 7

そして、今回は生徒ごとに5教科のデータを取り出せるようにするため、2次元配列の縦横を変換して使います（**2**）。

```
df = DataFrame(data).transpose()[1:]
```

transposeメソッドは、縦軸と横軸を反転させるものです。これにより、もともとは横軸に教科、縦軸に生徒が並んでいたものが、横軸に生徒、縦軸に教科が並ぶデータになります。そして、[1:]として、一番最初のデータを取り除き、残りのデータだけを取り出します。これは、P.096で解説した特定のデータのみを取り出す方法で、[1:]と指定するとインデックス番号1から最後までのデータを取り出します。インデックス番号は0から始まるので、一番最初のデータだけ取り除かれたデータになるのです。縦横を反転させると、一番最初の行には名前が入っていますから、これを取り除いていたわけです。

```
df.columns = ['教科'] + names
```

そして、columnsのラベルを改めて設定します（**3**）。最初の列に「教科」と指定し、それ以降は各生徒の名前が設定されるようにしました。

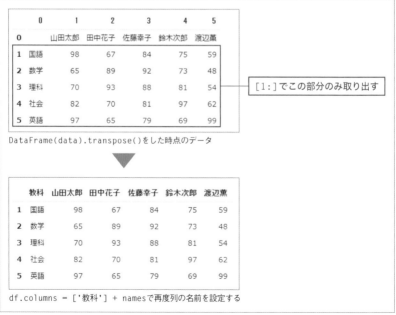

図7-5-2　transposeメソッドによる反転と列名の設定

これでDataFrameのデータが整いました。後は、1つ1つの名前の列を使って折れ線グラフ (P.128参照) を作り、最後にレイヤーとして重ねて (P.131参照) 表示するだけです。ここで、l5までしかグラフを作らないことで、ランダムデータは除外しています。

```
l1 = line = alt.Chart(df).mark_line(color='red').encode(
    x='教科', y=names[0]
)
```

　棒グラフは、このようにx軸を「教科」、y軸を生徒の名前にして作成します (**4**)。これで、各生徒のレイヤーを作成し、最後にそれをまとめます (**5**)。

```
alt.layer(l1,l2,l3,l4,l5).properties(width=300, height=300)
```

　これで、5つのレイヤーを重ねたグラフが作成されます。データを整えるところがおそらくもっとも難しいところでしょう。どのデータが不要で、どう加工すればいいかをよく考えて必要なデータの形に整えていかないといけません。取り出したCSVデータから、実際の数値が格納されている部分だけを取り出し、そこから利用したい列を指定してグラフ化します。

　データさえ用意できれば、DataFrameとAltairでデータを処理したりグラフ化したりできます。ただのCSVファイルが、これでずいぶんと役に立ちますね！

06 OpenPyxlで Excelファイルにアクセスする

CSVは、Excelで作成したデータをファイルに出力したものです。これで得られるのは、セルに表示される値だけです。もっと複雑なものになると、CSVファイルではなく、Excelのファイルを直接操作することになります。

これには、OpenPyxlというパッケージを使います。これはColaboratoryに標準で組み込まれています。

♀ ワークブックの構造を理解する

Excelのファイルを利用するためには、まずファイルの構造を頭に入れておく必要があります。Excelのファイルは、「ワークブック」「ワークシート」「セル」の3つで構成されています。

ワークブック	Excelのファイル本体です。ここにすべてのデータが保管されます。
ワークシート	ワークブックに表示される表計算のシートのことです。これは、ワークブックの中に何枚でも用意できます。
セル	ワークシートの中に縦横に並んでいる1つ1つの値を表示する部分のことです。

Excelのファイルを利用するためには、Excelファイルを開いてワークブックのオブジェクトを作成し、そこからワークシートを取り出し、その中にあるセルを操作する、という流れになります。

♀ ワークブックとワークシート

では、ワークブックとワークシートをどのように用意するのか、簡単に説明しておきましょう。

●ワークブックの用意

【書式】Workbookクラスのインスタンスを作成する

```
変数 = openpyxl.Workbook()
変数 = openpyxl.load_workbook( ファイルパス )
```

新しくワークブックを用意する場合は、Workbook()を呼び出すだけです。ワークブックは、Workbookというクラスとして用意されています。このインスタンスを作成すればいいのです。

既にあるExcelファイルを開いてワークブックを取り出す場合は、load_workbookという関数を使います。引数にExcelファイルのパスを指定することで、そのファイルを読み込んでWorkbookインスタンスを作成します。

●ワークシートの用意

【書式】ワークシートを取り出す

```
変数 =《Workbook》.active
変数 =《Workbook》[ 名前 ]
```

ワークシートは、Workbookインスタンスから取り出します。最も簡単なのは、「現在、アクティブになっている（選択されている）ワークシート」を取り出して利用する、というやり方です。これは、「active」というプロパティの値を取り出すだけです。

また、ワークシートには名前（タイトル）がつけられています。Workbookに[ ]でワークシート名を指定することで、ワークブックに入っている指定の名前のワークシートを得ることができます。

ワークシートは、「Worksheet」というクラスとして用意されています。このWorksheetインスタンスを取り出すことができれば、後はその中にあるさまざまなデータを取り出して利用できるようになります。

セルの指定

ワークシートにあるセルを指定する方法は、大きく2つあります。この2つのやり方がわかれば、必要なセルを取り出せるようになります。

●名前を指定する

【書式】セルを名前で取り出す

```
変数 =《Worksheet》[ 名前 ]
```

●番号で指定する

【書式】セルを番地で取り出す

```
変数 =《Worksheet》.cell(column=列番号, row=行番号 )
```

　セルには、それぞれアルファベットと数字による名前がつけられています。例えば、A列の1行目のセルは「**A1**」と呼ばれますね？ これが、このセルの名前です。Worksheetから、['A1']と指定すれば、**A1**セルを取り出すことができます。

　また、cellメソッドを使い、列数と行数を指定することでもセルは取り出せます。**A1**セルは、行も列も1ですから、cell(column=1, row=1)と指定すれば、やはりセルを取り出せます。

　取り出されたセルは、「Cell」というクラスのインスタンスになっています。このCellクラスにあるプロパティやメソッドを利用することで、指定のセルを操作します。

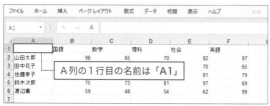

図7-6-1　セルの名前

07 Excelのデータを取り出して表示する

　では、実際にExcelファイルを開いて中のデータを取り出してみましょう。まず、Excelファイルを利用するための準備を整えておきます。コードセルで以下を実行してください。

リスト7-7-1

```
01  import openpyxl
02  fpath = './drive/My Drive/Colab Notebooks/サンプルスプレッドシート ⤷
    .xlsx'
```

　`import openpyxl`を実行することで、OpenPyxlの機能が使えるようになります。また、`fpath`にはxlsxファイル (Excelのファイル) を指定しておきました。

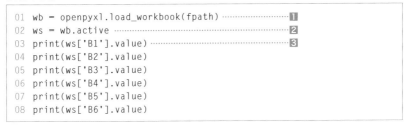

図7-7-1　サンプルスプレッドシート.xls

💡 fpathのファイルの中身を読み取る

　では、Excelファイルを読み取るサンプルを作成しましょう。先に作成してGoogleドライブに入れておいた「サンプルスプレッドシート.xlsx」からデータを読み取ってみます。

リスト7-7-2

```
01  wb = openpyxl.load_workbook(fpath) ·················■1
02  ws = wb.active ····································■2
03  print(ws['B1'].value) ·····························■3
04  print(ws['B2'].value)
05  print(ws['B3'].value)
06  print(ws['B4'].value)
07  print(ws['B5'].value)
08  print(ws['B6'].value)
```

```
1 wb = openpyxl.load_workbook(fpath)
2 ws = wb.active
3 print(ws['B1'].value)
4 print(ws['B2'].value)
5 print(ws['B3'].value)
6 print(ws['B4'].value)
7 print(ws['B5'].value)
8 print(ws['B6'].value)
9
```

```
国語
98.0
67.0
84.0
75.0
59.0
```

図7-7-2　fpathのファイルを読み込み、B列のセルの値を読み取って表示する

　ここではファイルのB1～B6までのセルの値を読み取り表示しています。

　1のopenpyxl.load_workbook(fpath)でWorkbookインスタンスを取得し、**2**のws = wb.activeでアクティブシートのWorksheetを取得します。そして、ws['B1'].value（**3**）というようにしてセルの値を取り出し表示しています。

　ここでは、ws['B1']というように名前を使ってCellを取得しています。セルの値は、Cellインスタンスの「value」プロパティで得られます。セルの値を変更するときも、このvalueの値を書き換えればいいのです。意外と簡単ですね。

08 データを取り出す

指定した列のデータを表示する

名前を使ったセルの指定は、非常に単純です。これに対し、cellメソッドを使ったやり方 (P.180参照) は、rowとcolumnを引数指定する必要があり面倒な感じもしますが、「数値でセルの場所を指定できる」というのは便利なことも多いのです。実際の利用例を見てみましょう。

リスト7-8-1

```
01  row_num = 3 #@param {type:"slider", min:1, max:10, step:1} ········ 1
02
03  wb = openpyxl.load_workbook(fpath)
04  ws = wb.active
05  for n in range(1,7): ······················································· 2
06    print(ws.cell(column=n, row=row_num).value) ······················
```

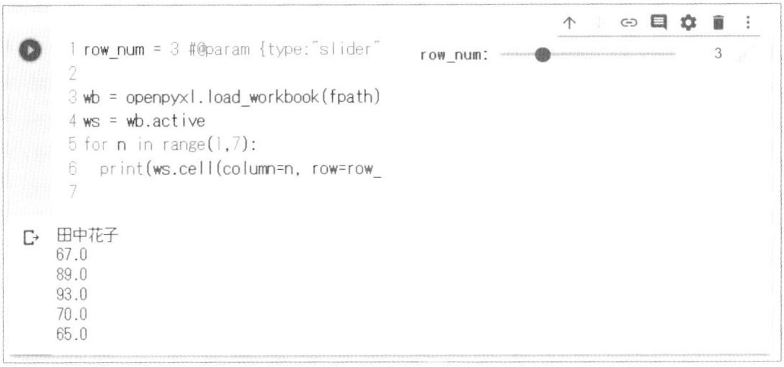

図7-8-1　スライダーで指定した列のデータを表示する

ここではフォームを使い、スライダーで値を入力するようにしました。スライダーで取り出したい列の番号を指定して実行すると、その列のデータが表示されます。ここではスライダーの値をrow_numという変数に取り出しておき (1)、以下のようにしてセルの値を書き出しています (2)。

```
for n in range(1,7):
  print(ws.cell(column=n, row=row_num).value)
```

`ws.cell(column=n, row=row_num)`というようにして、`for`の変数nを列、スライダーで入力した`row_num`を行として指定しています。こうすることで、`for`の繰り返しにより`row_num`行の1～6列（ここでは3行目のA列からF列）のセルが順に取り出されていきます。

ここでは指定の行のデータを取り出しましたが、`column`の値を固定して`row`の値を変化させれば特定の列の値を順に取り出すこともできます。数字で位置が指定できると、変数を使って柔軟にセルを指定できることがわかりますね。

❡ すべてのセルの値を出力する

行と列のデータをまとめて扱う場合は、もっと別のやり方もできます。Worksheetには「rows」「columns」というプロパティがあり、これらで各行および各列の情報をまとめて取り出せるのです。

これらは、行または列のセルをまとめて扱うためのオブジェクト（イテレータと呼ばれるものです）が用意されています。`for`を使ってこれらのプロパティから順に値を取り出し処理できます。

取り出された値は、これもやはりイテレータになっていて、更に`for`で各セルのオブジェクトを取り出していけます。二重の`for`を使うことで、すべてのセルを処理することができるわけです。

では、実際の利用例を挙げておきましょう。ワークシートに書かれているすべてのセルの値を出力してみます。

リスト 7-8-2
```
01  wb = openpyxl.load_workbook(fpath)
02  ws = wb.active
03  for row in ws.rows: ·····················································■
04    val = ''
05    for cell in row: ······················································2
06      val += '[' + str(cell.value) + ']' ··················3
07    print(val)
```

実行すると、[○○]という形ですべてのセルの値が出力されていきます（**図7-8-2**）。

```
1  wb = openpyxl.load_workbook(fpath)
2  ws = wb.active
3  for row in ws.rows:
4    val = ''
5    for cell in row:
6      val += '[' + str(cell.value) + ']'
7    print(val)

[None][国語][数学][理科][社会][英語]
[山田太郎][98.0][65.0][70.0][82.0][97.0]
[田中花子][67.0][89.0][93.0][70.0][65.0]
[佐藤幸子][84.0][92.0][88.0][81.0][79.0]
[鈴木次郎][75.0][73.0][81.0][97.0][69.0]
[渡辺薫][59.0][48.0][54.0][62.0][99.0]
```

図7-8-2　ワークシートのすべてのセルの値を出力する

■では、まず for row in ws.rows:という繰り返しで、Worksheetから
各行のオブジェクトを取り出しています。そして更に for cell in row:という
繰り返しで、取り出した行のオブジェクトから各セルのオブジェクトを取り出して
います（■）。後は、cell.valueで取り出したセル（Cellオブジェクト）の値を
valueで取り出し表示するだけです（■）。

ここではrowsを使って行ごとに取り出しましたが、columnsを使って列ごとに
セルを取り出していくこともできます。使い方はrowsと全く同じです。

09 セルに関数を設定する

　Excelは、セルに値を書くだけでなく、関数などを使った式を入力して計算できます。これも、OpenPyxlで行えます。Cellのvalueにイコールで始まる式のテキストを代入すればいいのです。

　実際に簡単な例を挙げておきましょう。

リスト7-9-1

```
01 wb = openpyxl.load_workbook(fpath, read_only=False)
02 ws = wb.active
03 ws['G1'].value = '合計' ·································································· ①
04 for n in range(2,7):
05     sn = 'B' + str(n) + ':F' + str(n) ······································ ②
06     ws.cell(row=n, column=7).value = '=SUM(' + sn + ')' ············· ③
07 wb.save(fpath)
08 print('saved.')
```

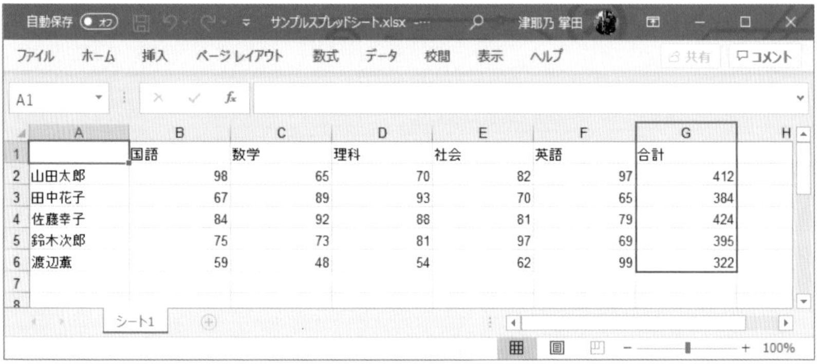

図7-9-1　実行後、Excelのファイルを開いてみると「合計」に各行の合計が表示されるようになっているのがわかる

　これを実行すると、ワークシートのG列に5教科の合計を計算し表示する式を設定します。実行後、Excelファイルを開いてみると、2〜6行にある各生徒の合計がそれぞれのG列に表示されます。

　今回のサンプルでは、まず①でG1セルに「合計」というテキストを設定しています。

　そのあと、for文で関数の指定をしています。ExcelのSUM関数は、セルに「=SUM(開始セル:終了セル)」という形で指定しますね。この形を作るために、

2で、「開始セル：終了セル」の形を作り、**3**でこのテキストの前に「=SUM」を付けて、Cellのvalueとして設定しています。

警告が出たらどうする？

なお、GoogleドライブからファイルをダウンロードしてExcelで開くと、「インターネットから入手したファイルはウイルスに感染している可能性があります」という警告が現れるでしょう。「編集を有効にする」ボタンをクリックして編集を許可すると修正内容が更新されて反映されます。

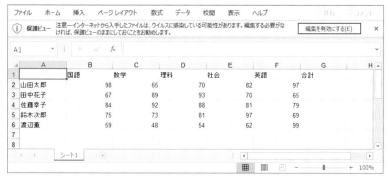

図7-9-2　警告が表示された場合は「編集を有効にする」ボタンをクリックする。ボタンをクリックする前は、合計値が表示されていない

10 セルのスタイルを設定する

　セルには値や式の他にも様々な情報が保管されています。例えば、フォントスタイルです。セルに設定されるフォントのスタイルは、openpyxl.stylesモジュールのFontというクラスとして用意されています。これを利用するには、以下のようにimport文を用意しておきます。

【書式】Fontクラスのインポート

```
from openpyxl.styles import Font
```

　このFontクラスは、フォントスタイルに関する様々な設定を引数に指定してインスタンスを作成します。

【書式】Fontクラスのインスタンスを設定する

```
変数 = Font( 引数 )
```

　そして、Cellの「font」プロパティにこのFontインスタンスを代入すれば、そのセルにフォントスタイルを設定することができます。

【書式】セルにフォントスタイルを設定する

```
《Cell》.font =《Font》
```

 Fontの設定項目

　問題は、Fontインスタンスを作成する際にどういう引数を用意すればいいか、でしょう。これは、意外とたくさんのものが用意されています。

Fontインスタンス作成時の引数

name	フォント名 (フォントファミリー名)。テキストで指定
size	フォントサイズ。整数で指定
bold	ボールドの指定。真偽値で指定 (Trueならボールド)
italic	イタリックの指定。真偽値で指定 (Trueならイタリック)
underline	下線の指定。'single'または'double'で指定
color	色の指定。色名あるいは16進数のテキスト (P.125参照) で指定

これらは、すべてオプションですから省略できます。Fontインスタンスを作成する際、設定したい項目だけを用意すればいいでしょう。

💡 セルにフォントを設定する

では、利用例を挙げておきましょう。サンプルで用意したExcelファイルのデータから、教科名と生徒名のセルのフォントを変更してみましょう。

リスト7-10-1

```
01 from openpyxl.styles import Font
02
03 wb = openpyxl.load_workbook(fpath, read_only=False)
04 ws = wb.active
05
06 ft_r = font = Font(bold=True, color='FF0000')     ┈┈┐
07 ft_b = font = Font(bold=True, color='0000FF')     ┈┈┤──1
08 for cl in ws['A2:A6']:                            ┈┈┈┈┈┈2
09   cl[0].font = ft_r
10 for cl in ws['B1:G1'][0]:                         ┈┈┈┈┈┈3
11   cl.font = ft_b
12 wb.save(fpath)
13 print("saved.")
```

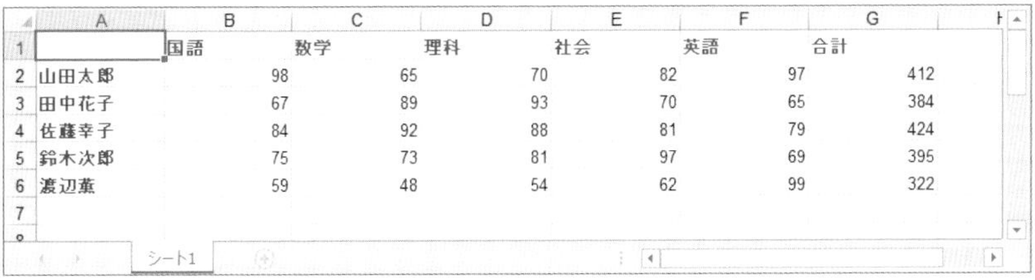

▲	A	B	C	D	E	F	G	H
1		国語	数学	理科	社会	英語	合計	
2	山田太郎	98	65	70	82	97	412	
3	田中花子	67	89	93	70	65	384	
4	佐藤幸子	84	92	88	81	79	424	
5	鈴木次郎	75	73	81	97	69	395	
6	渡辺薫	59	48	54	62	99	322	
7								

シート1

図7-10-1　実行後、Excelファイルの内容を確認する。教科名と生徒名が青と赤のボールドで表示されるようになった

これを実行後、fpathのExcelファイルを開いて内容を確認してみると、教科のセルが青、生徒名のセルが赤のボールドで表示されます。ここでは、以下のようにして2つのFontインスタンスを用意しておきました（**1**）。

```
ft_r = font = Font(bold=True, color='FF0000')
ft_b = font = Font(bold=True, color='0000FF')
```

boldをTrueにして、colorを赤（FF0000）と青（0000FF）にしています。

こうして用意したFontをセルのfontプロパティに設定すれば、フォントのスタイルが変更されるわけです。

セルレンジについて

リスト7-10-1では、**A2**〜**A6**のセルと、**B1**〜**G1**のセルについて、順にCellを取り出してフォントを設定しています。基本的にはforで繰り返し処理をするだけですが、意外なところに注意点があります。

2では、ws['A2:6']というように範囲を指定してセルをまとめて取り出しています。このように範囲を指定した場合、「セルレンジ (CellRange)」と呼ばれるオブジェクトとして値が取り出されるようになっています。そこからforで順に値を取り出すことができます。このセルレンジのオブジェクトは「行単位」でまとめられており、各行のオブジェクト内に更にその行のセルがまとめられる、という形になっています。「行を取り出し、そこからセルを取り出す」というやり方をするわけですね。

これを念頭に入れて、**2**の処理を見てみましょう。まず、**A2**〜**A6**の縦の列のフォントを設定します。

```
for cl in ws['A2:6']:
  cl[0].font = ft_r
```

forで順に行のオブジェクトを取り出します。そしてcl[0]でその最初のセルのfontを変更します。各行のオブジェクトを取り出したとき、セルのオブジェクトは変更不可のリスト (タプル) にまとめられています。1つしかセルがない場合もタプルになっているのです。したがって、[0]で最初のセルを取り出して利用する必要があります。

続いて、**B1**〜**G1**の横の列のフォントを変更します (**3**)。

```
for cl in ws['B1:G1'][0]:
  cl.font = ft_b
```

繰り返しは、ws['B1:G1']ではなくws['B1:G1'][0]から順に値を取り出します。ws['B1:G1'][0]で、セルレンジの最初の行のオブジェクトを取り出して、それをforで繰り返し処理します。1行しかなくとも、最初の行を取り出して利用する必要があります。

11 セルの罫線を設定する

セルにはフォントスタイルの他にも「罫線」の情報が用意されています。罫線を設定することで、より表らしく表示を整えることができるようになります。

罫線は、openpyxl.styles.bordersモジュールにあるBorderとSideという2つのクラスを使います。これらのクラスを利用するには、以下のようにimport文を用意しておきます。

【書式】BorderとSideクラスをインポートする

```
from openpyxl.styles.borders import Border, Side
```

BorderとSideは、それぞれ「罫線のオブジェクト」と「罫線の場所（上下左右の各部分）のオブジェクト」になります。まず、Sideで罫線の種類や色などを設定しておき、そのSideを上下左右のどこに設定するかを決めてBorderを作成します。これらは以下のようにインスタンスを作成します。

● Sideインスタンスの作成

【書式】Sideクラスのインスタンスを作成する

```
変数 = Side(style=スタイル , color=色 )
```

● Borderインスタンスの作成

【書式】Borderクラスのインスタンスを作成する

```
変数 = Border(top=《Side》, bottom=《Side》, left=《Side》, right=《Side》)
```

Sideのstyleに設定できる値

```
'dashDot', 'dotted', 'dashed', 'mediumDashDotDot', 'thin', 'hair',
'thick', 'mediumDashed', 'slantDashDot', 'double', 'mediumDashDot',
'medium', 'dashDotDot'
```

こうして作成したBorderをセルのオブジェクト（Cell）の「border」プロパティに設定すると、そのセルの罫線が変更されるというわけです。

では、利用例を挙げておきましょう。fpathに用意した表に罫線を追加してみましょう。

リスト7-11-1

```
01  from openpyxl.styles.borders import Border, Side
02
03  sd = Side(style='thin', color='000000')  ............... 1
04  bdr = Border(top=sd, bottom=sd, left=sd, right=sd)  ....
05
06  for row in ws.rows:  ..................................
07    for cel in row:                                      2
08      cel.border = bdr  ................................
09  wb.save(fpath)
10  print("saved.")
```

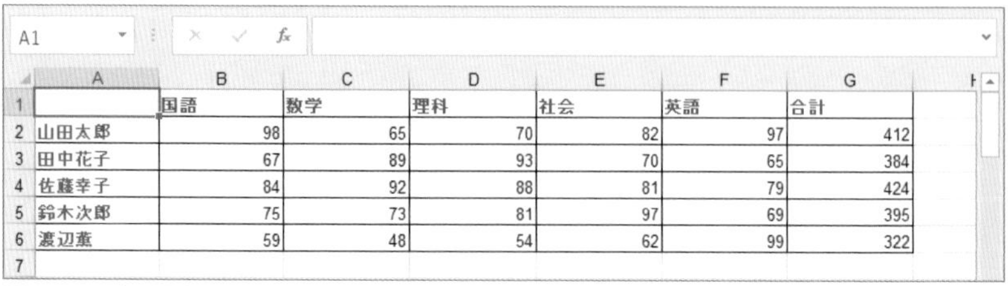

	A	B	C	D	E	F	G	H
1		国語	数学	理科	社会	英語	合計	
2	山田太郎	98	65	70	82	97	412	
3	田中花子	67	89	93	70	65	384	
4	佐藤幸子	84	92	88	81	79	424	
5	鈴木次郎	75	73	81	97	69	395	
6	渡辺重	59	48	54	62	99	322	
7								

図7-11-1　表に罫線が追加された

　このプログラムを実行後、fpathのExcelファイルを開いて内容を確認してみましょう。すると、表の各セルに罫線が表示されるようになります。

　ここでは、以下のようにしてBorderインスタンスを作成しています（1）。

```
sd = Side(style='thin', color='000000')
bdr = Border(top=sd, bottom=sd, left=sd, right=sd)
```

　まず、Sideでstyleとcolorを指定してインスタンスを作成し、これをもとにBorderインスタンスを作成しています。後は、2重のforを使ってすべてのセルについてborderの値を変更するだけです（2）。

　Borderは、4つの引数すべてを用意する必要はありません。Sideを設定したい場所の値のみを用意すればいいでしょう。また、既にある罫線を消したい場合は、style='none'を指定してSideを作成してBorderを設定すればいいでしょう。

Chapter 8

データベースを使おう

この章のポイント
- ・データベースの接続から終了までの流れを把握しよう
- ・テーブルを定義し、レコードを作成しよう
- ・レコード検索の基本をマスターしよう

01 SQLデータベースとSQLite3

　多量のデータを扱うようになると、テキストファイルやCSVファイルなどではとても処理しきれなくなるでしょう。テキストファイルでは、扱えるデータはせいぜい数MB程度です。10MBを超えるようになると、読み書きにも時間がかかりますし、すべてのデータを読み込んで処理しないといけないためメモリも大幅に消費します。

　こうなったら、いよいよ「データベース」を使うときが来たと考えましょう。データベースといってもさまざまな種類がありますが、基本は「SQLデータベース」と呼ばれるものです。「SQL」というのは、データベースに問い合わせるための専用言語です。これを使ってデータベースに命令を送り、複雑なデータの処理を行わせるのです。

　SQLデータベースもたくさんのものがありますが、ここでは「SQLite3（エスキューライトスリー）」というものを使いましょう。これは非常に小さいデータベースエンジンプログラムです。独立したアプリケーションではなく、小さなライブラリとして実装されており、さまざまなプログラミング言語の中から直接データベースファイルにアクセスし、データを処理することができます。その手軽さと「小ささ」から、スマートフォンのシステムのデータ管理などにも使われています。

　PythonでSQLite3を利用するためには「sqlite3」というパッケージを利用します。これもColaboratoryには標準で用意されているので、別途インストールなどの操作は全く必要ありません。

　では、SQLite3データベースにアクセスをしてみましょう。今回も、Googleドライブの「Colab Notebooks」フォルダ内にデータベースファイルを保存することにします。あらかじめ、Googleドライブをマウント (P.136参照) しておいてください。

　では、データベース利用の下準備を用意しましょう。コードセルに以下を記述し実行してください。

リスト8-2-1

```
01  import sqlite3
02  from pandas import DataFrame
03  dbpath = './drive/My Drive/Colab Notebooks/data.sqlite3'
```

　SQLite3の機能は、sqlite3というモジュールに用意されています。import sqlite3と書くことで、この機能が使えるようになります。また、途中でpandasのDataFrameを利用するので、こちらもあらかじめimportを用意しておくことにしました。

　この他、保存するデータベースファイルのパスを変数dbpathに用意してあります。このdbpahtを使ってデータベースにアクセスをします。

ConnectionとCursor

　では、データベースファイルにアクセスをしましょう。SQLite3のデータベースへのアクセスは、「connect」と「close」で行います。

●データベースへのアクセス開始

【書式】データベースにアクセスする (Connectionクラスのインスタンスを作成する)

```
変数 = sqlite3.connect( ファイルパス )
```

　データベースにアクセスを開始するには、connectという関数を使います。引数にデータベースファイルのパスを指定することで、そのファイルにアクセスするオブジェクトが作成されます。

　このconnectで作成されるのは、「Connection」というクラスのインスタン

スです。これは、データベースとの接続を管理するためのものです。ここから必要なオブジェクトを取り出してアクセスを行うことになります。

●カーソルの作成

【書式】Cursorクラスのインスタンスを作成する

```
変数 =《Connection》.cursor()
```

Connectionから、cursorというメソッドを呼び出し、「カーソル」というものを作成します。これは「Cursor」というクラスのインスタンスです。

このCursorは、SQLの命令文（「クエリー」といいます）を実行し結果を受け取る機能を持ちます。SQLでデータベースとやり取りするときは、このCursorにあるメソッドを利用することになります。

●アクセスの終了

【書式】データベースに終了する

```
《Connection》.close()
```

データベースの利用が終わったら、Connectionの「close」を呼び出してリソースを解放します。これでデータベースアクセスは終了です。

◯ アクセスの手順を確認！

では、実際にデータベースにアクセスし終了するまでをやってみましょう。新しいコードセルを用意して、以下のプログラムを実行してみてください。

リスト8-2-2

```
01  con = sqlite3.connect(dbpath)
02  print(con)
03  cur = con.cursor()
04  print(cur)
05  con.close()
```

```
    1 con = sqlite3.connect(dbpath)
    2 print(con)
    3 cur = con.cursor()
    4 print(cur)
    5 con.close()

<sqlite3.Connection object at 0x7f975d6941f0>
<sqlite3.Cursor object at 0x7f9749efa9d0>
```

図8-2-1　実行すると、sqlite3.Connectionというオブジェクトが作成されているのがわかる

　これを実行すると、おそらくセルの下の出力エリアに以下のようなテキストが書き出されたことでしょう（最後の16進数はそれぞれの環境ごとに違う値になります）。

```
<sqlite3.Connection object at 0x7f975d6941f0>
<sqlite3.Cursor object at 0x7f9749efa9d0>
```

　これは何かというと、ConnectionとCursorのオブジェクトをprintで表示したものです。これらは複雑なオブジェクトなので具体的な内容などは表示されませんが、「オブジェクトが作られているんだ」ということはわかりますね。

　プログラムが正常に実行されると、Googleドライブの「Colab Notebooks」フォルダの中に「data.sqlite3」というファイルが作成されます。これが、今回使用するSQLite3のデータベースファイルです。sqlite3.connectを実行すると、指定されたデータベースファイルがあればそれを開き、もしファイルがなければ新しくファイルを作成して開きます。**リスト8-2-2**を実行した際に、新たなデータベースファイルが作成されていたのです。Colaboratoryの「ファイル」サイドバーで確認しておきましょう。

図8-2-2
「ファイル」サイドバーを見ると、「data.sqlite3」というファイルが追加されている

03 テーブルの作成

データベースにデータを保存し利用するためにはどうすればいいのか？ それには、いくつかの手順を踏んで作業する必要があります。

1. データベースを作成します（これは既に行いました）。
2. データベース内に「テーブル」と呼ばれるものを作成します。
3. テーブルの中に、「レコード」と呼ばれるものとしてデータを保存します。

「データベース」「テーブル」「レコード」、この３つがSQLデータベースの基本構造になります。この中で、最大のポイントとなるのが「テーブル」でしょう。

テーブルは、保存するデータの内容などを定義したものです。SQLデータベースは、どんなデータでも適当に保存できるわけではありません。あらかじめ定義した形式のデータだけが保存できるようになっているのです。

例えば、住所録をデータベースで管理するとしましょう。すると、「名前」「メールアドレス」「電話番号」「住所」「勤め先」「役職」……といった項目が思い浮かびますね。これらデータとして保管する内容を定義したものがテーブルなのです。

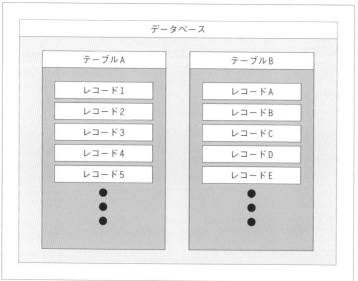

図8-3-1　データベース内にはいくつものテーブルがあり、それぞれのテーブル内にはレコードという形でデータが保管されている

テーブル作成のSQLクエリー

では、どうやってテーブルを作成するのか。それは、「クエリー」と呼ばれる
SQLの命令文を実行して作るのです。SQLデータベースは、何をやるにもすべて
命令 (クエリー) を実行して行います。

テーブルの作成は、以下のようなクエリーを実行します。

【書式】データベースを作成するクエリー

```
create table テーブル名 ( 項目1, 項目2, ……)
```

( )の中に、このテーブルに用意する項目の情報を記述していきます。これは、項
目名とタイプを続けて記述します。例えば、「nameというテキストタイプの項目」
ならば「name string」と記述すればいいわけですね。

その他にも、その項目の性質に関する記述を行うことがありますが、こうしたも
のについては必要になったときに説明しましょう。

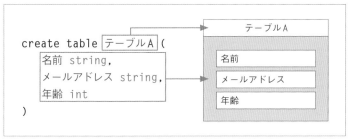

図8-3-2　create tableでは、テーブル名と、そこに用意する項目を定義してテーブルを作る

Chapter 8

04 mydataテーブルを作ろう

　では、サンプルとして簡単な住所録のテーブルを作成してみましょう。今回は以下のような項目を考えてみます。

住所録のテーブルの項目

name	名前
mail	メールアドレス
tel	電話番号

　これらはいずれもテキストとして保管すればいいでしょう。では、これらの値を保管するテーブル「mydata」を作成するプログラムを作ってみます。

リスト8-4-1

```
01 with sqlite3.connect(dbpath) as con: ·····························1
02   cur = con.cursor()
03   query = '''create table mydata( ············
04     id integer primary key autoincrement,
05     name string,                                          2
06     mail string,
07     tel string)''' ·······························
08   cur.execute(query)
09 print("access finished.")
```

　これを実行し、「access finished.」と出力されれば、問題なく実行できたことになります。見た目には違いはわからないでしょうが、dbpathのデータベースファイルには「mydata」というテーブルが作成されています。

　今回は、withを使って接続を行っています（1）。withは、前にファイルアクセスをするとき、open関数を呼び出すのに使いましたね？（P.146参照）　データベースアクセスも、connectする際にwithを使ってアクセスを開始できます。こうすると、closeの処理を考えなくても構文終了時に自動的にcloseしてくれます。

【書式】withを使ってデータベースを開く

```
with sqlite3.connect( ファイルパス ) as 変数:
    データベースの処理
```

ヒアドキュメントについて

　ここでは、queryという変数にクエリーのテキストを用意しています（**2**）。この変数は、ちょっと変わった書き方をしていますね。

```
query = '''……'''
```

　テキストの前後を'''という記号（3つのシングルクォート）ではさんでありますね。こんな具合にクォート3つをテキストの前後につけて記述したものを「ヒアドキュメント」といいます。
　このヒアドキュメントは、通常のテキストの値とは少し性質が違います。何が違うかというと、「途中で改行できる」のです。ですから、複数行に渡る長いテキストを値として用意したい場合にはとても重宝します。

create tableでmydataを作る

　では、ヒアドキュメントとして用意されたクエリーのテキストを見てみましょう。こんな内容になっていました。

```
create table mydata(
    id integer primary key autoincrement,……………………3
    name string,
    mail string,
    tel string)
```

　create table mydata(……)という形になっていることがわかりますね。name、mail、telの3項目について、P.199で説明したとおり項目名とタイプで指定しています。わかりにくいのは、「id integer primary key autoincrement」のところでしょう（**3**）。これは、「プライマリキー」と呼ばれる特別な役割の項目を定義するものです。
　プライマリキーというのは、すべてのレコード（テーブルに保管されたデータのことです）に割り振られるIDのことです。primary keyは「この項目はプライマリキーの項目である」ということを示し、autoincrementは「この項目は自動的に値が割り振られる」ことを示します。
　よくわからなければ、「テーブルには、id integer primary key autoincrementという項目を必ず用意する」とだけ覚えておきましょう。

Chapter 8

05 レコードを作成する

　これでテーブルは作成されました。では、テーブルに実際にデータを作成してみましょう。テーブルへのレコードの作成は、以下のようなクエリーで実行します。

【書式】テーブルにレコード（データの行）を追加する

```
insert into テーブル ( 項目1, 項目2, ……) values( 値1, 値2, ……)
```

　「insert intoテーブル」というようにして、レコードを作成するテーブル名を指定します。その後に( )をつけて値を設定する項目名をまとめて記述し、更にその後のvalues( )の部分に各項目の値をまとめて記述します。この項目名の( )とvaluesの( )は1対1で対応しています。例えば、

```
(A, B, C) values (10, 20, 30)
```

　こんな具合に書いてあったとしたら、項目Aには10、Bには20、Cには30の値が設定されるというわけです。

　「テーブルに用意されている項目はわかってるんだから、いちいち項目名なんて用意しなくてもいいんじゃない？」と思った人。それは違います。なぜなら、テーブルの項目の中には「値を用意しないもの」もあるからです。

　例えば、mydataテーブルのid。これは自動的に値が割り振られるようにしていますから、値を用意する必要はありません。また、name、mail、telといった項目も、すべての項目に値を用意しないといけないわけではないのです。「この人はメールのみだから電話番号はいらない」ということだってあるでしょう？ 必要な項目の値だけを用意すればレコードは作成できるのです。

フォームを使ってレコードを作る

　では、実際にレコード作成のプログラムを作ってみましょう。今回はフォームを利用してそれぞれの項目を入力させる形で作ってみます。

リスト8-5-1

```
01  name = "" #@param {type:"string"}
02  mail = "" #@param {type:"string"}
03  tel = "" #@param {type:"string"}
```

```
04
05  with sqlite3.connect(dbpath) as con:
06      cur = con.cursor()
07      query = 'insert into mydata(name,mail,tel) values(?,?,?)' ……■1
08      cur.execute(query,(name, mail, tel)) ………………………………■2
09      con.commit() ……………………………………………………………■3
10  print("access finished.")
```

図8-5-1 フォームを使ってname、mail、telを入力し、プログラムを実行する

　ここではname、mail、telの3つの入力フィールドを用意しました。これらに
テキストを記入し、プログラムを実行すると、入力した値を元にmaydataテーブ
ルに新しいレコードが作成されます。といっても、まだテーブルの中身がどうなっ
ているかはわかりません。「access finished.」と表示されれば問題なく動い
ている、と考えてください。

プレースホルダについて

　ここでは、実行するクエリーを以下のような形のテキストとして用意してありま
す（■1）。

```
query = 'insert into mydata(name,mail,tel) values(?,?,?)'
```

　項目は、(name,mail,tel)という具合に3項目を用意してあります。そして
valuesには、(?,?,?)というように3つの?が指定されていますね。この?記号は
「プレースホルダ」と呼ばれるものです。とりあえず記号を入れておき、後から記
号の位置に値を挿入するのに使われます。
　では、クエリーを実行している文を見てみましょう（■2）。

```
cur.execute(query,(name, mail, tel))
```

executeの第1引数にqueryを指定しています。そして第2引数には、(name, mail, tel)というタプルが指定されています。これらは、フォームから入力された値でしたね。こうすることで、第2引数のタプルの値が、■のクエリーの？部分にはめ込まれて実行されるのです。

プレースホルダを利用する場合は、このように第2引数にリストやタプルとして値をまとめたものを用意します。

図8-5-2　プレースホルダには後から値を挿入する

🔅 コミットについて

これでクエリーは実行されたのか？ いいえ、実はまだなのです。executeした後、■を実行して初めてデータベースに変更が反映されます。

```
con.commit()
```

テーブルのレコード操作は、一度のアクセスで作成や削除、更新など様々な処理を行うことがよくあります。そこで、さまざまなexecuteを実行後、最後にcommitを実行したら、それまでexecuteした内容をまとめて実行するようになっています。これを忘れるとレコードが保存されないので注意しましょう。

このcommitは、テーブルの書き換えを行うようなときに必須のものです。レコードの検索のように、データの書き換えなどを行わず、ただデータを取り出すだけのような場合は不要です。

06 すべてのレコードを表示しよう

　次は、テーブルに保管されているレコードを取り出しましょう。これには「select」というものを使います。このselectはいろいろな使い方をするのですが、基本は以下のようなものです。

【書式】レコードを取り出すクエリー

```
select 項目 from テーブル
```

　selectの後には、取り出す項目名を指定します。例えば、「select id,name from mydata」とすれば、mydataのレコードからidとnameの項目のみを取り出します。が、普通はこの部分は「*」という記号を指定するのが一般的です。*は「ワイルドカード」と呼ばれるもので、すべての項目を指定します。つまり「select * from mydata」とすれば、mydataのレコードの全項目が取り出せるというわけです。この書き方は「selectの基本」として覚えておきましょう。

🔅 mydataテーブルの中身を表示する

　では、mydataテーブルに保存したレコードをすべて表示してみましょう。以下を実行してください。

リスト8-6-1

```
01 with sqlite3.connect(dbpath) as con:
02   cur = con.cursor()
03   cur.execute('select * from mydata') ·····························■1
04   rows = cur.fetchall() ·········································■2
05   for row in rows: ·············································■3
06     print(row)
```

```
1 with sqlite3.connect(dbpath) as con:
2   cur = con.cursor()
3   cur.execute('select * from mydata')
4   rows = cur.fetchall()
5   for row in rows:
6     print(row)

(1, 'taro', 'taro@yamada', '090-999-999')
(2, 'hanako', 'hanako@flower', '080-888-888')
(3, 'sachiko', 'sachiko@happy', '070-777-777')
(4, 'ichiro', 'ichiro@base.ball', '050-555-555')
```

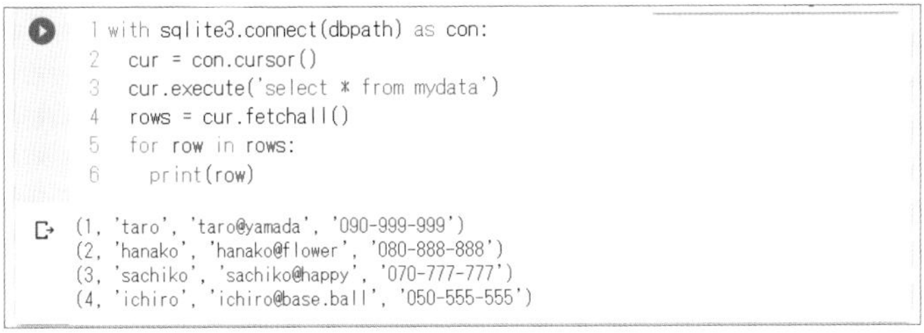

図8-6-1　mydataのレコードを順に表示する

実行すると、mydataに保管されているレコードが1つ1つタプルの形で出力されていきます。■では、以下のようにクエリーを実行していますね。

```
cur.execute('select * from mydata')
```

ただし、executeは単にクエリーをデータベースに送るだけのものです。このメソッドで結果を受け取れるわけではありません。これでクエリーを送った後、結果を受け取る処理を用意する必要があります。

fetchallを利用する

それを行っているのがCursorの「fetchall」というメソッドです。■の文ですね。

```
rows = cur.fetchall()
```

fetchallは、引数などは特にありません。ただ呼び出すだけです。このメソッドは、実行したクエリーによって得られるすべてのレコードを取り出すものです。戻り値は、レコードのデータをまとめたリストになります。1つ1つのレコードは、タプルの形になっています。つまり、「タプルのリスト」として結果が得られるというわけですね。

リストですから、forを使って順に取り出し処理することができます（■）。

```
for row in rows:
    print(row)
```

これで1つ1つのレコードを出力していました。タプルの内容は、テーブルを作成するcreate tableの際に記述した項目の順番通りに値が得られます。辞書のように項目名が用意されているわけではなく、値だけなので注意しましょう。

結果をDataFrameで利用しよう

リストとして得られる、しかも各レコードはタプルになっている。ということは、このデータはそのままpandasのDataFrame（P.088参照）で利用できるんじゃないでしょうか。実際にやってみましょう。

リスト8-6-2

```
01  with sqlite3.connect(dbpath) as con:
02    cur = con.cursor()
03    cur.execute('select * from mydata')
04    rows = cur.fetchall()·····················································■
05  df = DataFrame(rows,columns=['ID','Name','Mail','Tel'])·············■
06  df
```

図8-6-2　DataFarmeを使い、結果をテーブルにまとめて表示する

　これは、あらかじめDataFrameがインポートされていないとエラーになるので
注意してください。
　このプログラムを実行すると、mydataのレコードがDataFrameのテーブルに
まとめて表示されます。ここではfetchallで結果を取り出した後（■）、それを
使ってDataFrameを作成しています（■）。

```
df = DataFrame(rows,columns=['ID','Name','Mail','Tel'])
```

　columnsには、テーブルの各項目名を指定してあります。こんな具合に、
fetchallした結果はそのままDataFrameで使うことができます。
　サンプルの住所録のようなものだけでなく、データベースは例えば商品管理や在
庫管理、売上管理などにも利用されるでしょう。保存したレコードから必要な情報
を取り出し、DataFrameで整理したり、更にはAltairでグラフ化する、といった
ことが簡単に行えるようになれば、ずいぶんと仕事で必要なデータの管理もしやす
くなりますね。

　テーブルのレコードは、すべてのものを取り出すだけでなく、取り出すものを細かに指定できます。これは「フィルター」と呼ばれるもので、フィルターを指定することで膨大なレコードの中から必要なものを的確に探し出せるようになっているのです。

　このフィルターは、「where」というものを使って設定します。

【書式】条件に合うレコードを取り出すクエリー

```
select * from テーブル where 式
```

　select文の後に「where」をつけ、その後にフィルターの条件となる式を指定します。この式をいかに指定するかでフィルター処理される内容が決まります。一番わかりやすいのは、値を指定したり比較する式でしょう。

```
where 項目 = 値
```

　例えば、こんな具合に条件を指定することで、テーブルの特定の項目が指定の値のものを検索することができます。

💡 IDを入力して検索する

　では、実際の利用例を挙げておきましょう。入力したIDのレコードを取り出して表示させてみます。

リスト8-7-1

```
01  id = 0 #@param {type:"integer"}
02
03  with sqlite3.connect(dbpath) as con:
04    cur = con.cursor()
05    query = 'select * from mydata where id = ?' ················1
06    cur.execute(query, [id]) ································2
07    row = cur.fetchone() ································3
08  print(row)
```

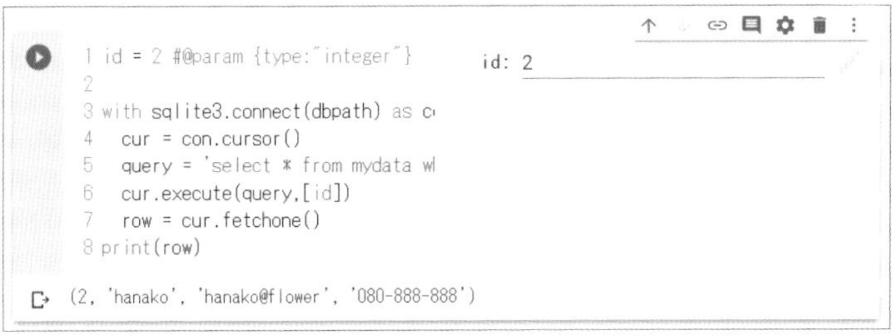

図8-7-1　フォームからIDを入力し実行すると、そのIDのレコードを表示する

　フォームから数字を入力し実行すると、入力したIDのレコードを表示します。**1**
では以下のようにクエリーを用意しています。

```
query = 'select * from mydata where id = ?'
```

　whereの後に「id = ?」という式を用意しています。?はプレースホルダでし
たね。このクエリーをexecuteで実行します（**2**）。

```
cur.execute(query, [id])
```

　第2引数には、フォームで入力したidをリストとして用意します。idの値がプ
レースホルダに挿入され、レコードを検索できます。

◯ fetchoneを使う

　後は結果を取り出すだけですが、今回は「fetchone」というメソッドを使って
います（**3**）。

【書式】最初のレコードだけを取り出す
```
row = cur.fetchone()
```

　引数はありません。このメソッドは、検索されたレコードから「最初のレコード」
だけを取り出すものです。idの値を指定してレコードを検索するということは、「得
られるレコードは1つだけ」のはずです（あるいは、ゼロか）。同じIDのレコードが
2つも3つも見つかることはありませんから。
　こういう「1つだけしか存在しない」というレコードを取り出すときは、
fetchoneを使ったほうが便利です。

08 テキストのLIKE検索

　フィルターでレコードを検索するとき、注意したいのが「テキストの項目」です。例えば、nameが「taro」のレコードを取り出したいと思ったとしましょう。

```
select * from mydata where name = 'taro'
```

　作成されるクエリーは、だいたいこんな感じになりますね。すると、nameの値が'taro'のレコードを取り出すことができます。これは問題ないのですが、例えばnameに'yamada-taro'と値を設定しているものは取り出せません。nameの値が'taro'と完全一致するものしか取り出せないのです。

　が、テキストの検索では、「完全一致するもの」よりも、「そのテキストを含むもの」を取り出したい、ということのほうが多いものです。こうした場合に用いられるのが「LIKE検索」とよばれるものです。

　これは、以下のようにフィルターの条件を設定します。

【書式】指定の値を含むレコードを検索する
```
where 項目 like 値
```

　「like」というのが、比較のための記号なのです。これでLIKE検索が行われるようになります。といっても、ただ「name like 'taro'」としただけでは'yamada-taro'は検索されません。検索する値についても注意が必要です。

　LIKEでは、検索テキストの中に「%」という記号が使えます。これは「不特定のテキスト」を表す特殊な記号です。これを使って検索するテキストを指定することで、LIKE検索が使えるようになります。

　どういう使い方をするのか、簡単にまとめておきましょう。このように、%をつけることで検索するテキストを含むレコードを取り出せるようになります。テキストの検索には必須の機能といえるでしょう。

name like '%taro'	nameがtaroで終わるものを検索
name like 'taro%'	nameがtaroで始まるものを検索
name like '%taro%'	nameがtaroを含むものを検索

nameの値で検索をする

　ではLIKE検索を使ってみましょう。今回もフォームを利用して検索テキストを入

力してもらうようにします。

リスト8-8-1

```
01  name = "" #@param {type:"string"}
02
03  with sqlite3.connect(dbpath) as con:
04    cur = con.cursor()
05    query = 'select * from mydata where name like ?' ·················■
06    cur.execute(query,['%' + name + '%']) ································■
07    rows = cur.fetchall()
08  df = DataFrame(rows,columns=['ID','Name','Mail','Tel'])
09  df
```

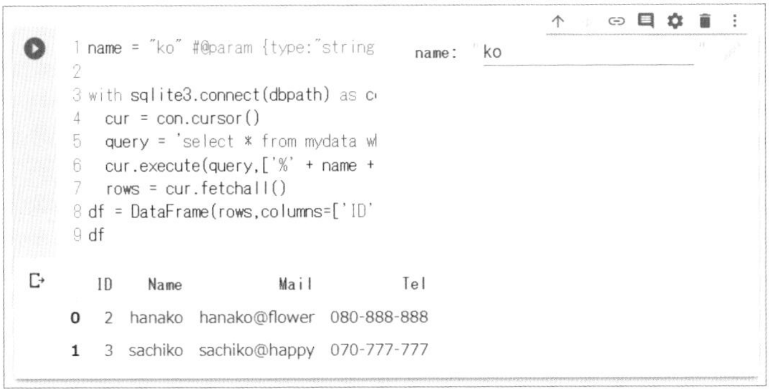

図8-8-1　フォームからテキストを入力し実行すると、nameにそのテキストを含むものをすべて
検索する

　フォームに検索するテキストを入力し、実行します。これで、入力したテキスト
をnameに含むレコードをすべて検索します。■では、以下のようにクエリーを用
意しています。

```
query = 'select * from mydata where name like ?'
```

　条件には、「name like ?」という式を指定していますね。そしてこれを実行す
るexecuteでは以下のように記述しています（■）。

```
cur.execute(query,['%' + name + '%'])
```

　queryのプレースホルダには、'%' + name + '%'という値が設定されます
ね。nameの前後に%記号をつけることで、「nameが含まれるもの」を検索してい
たのです。%の使い方さえわかれば、LIKE検索は意外と簡単です。

09 複雑な条件設定

　より複雑な検索を行おうとすると、複数の条件を組み合わせる必要が生じます。例えば、「IDが10以上20以下のもの」を検索しようとすると、id >= 10とid <= 20の2つの条件を設定しなければいけません。こういう複数の条件をつなげる手段をまとめておきましょう。

● 両方が正しいものを検索する（AND検索）

```
式1 and 式2
```

　2つの式の両方が成立するものだけを検索する場合は、2つの式を「and」でつなぎます。例えば、「idが10以上で20以下」のものを検索するならこうなるでしょう。

```
where id >= 10 and id <= 20
```

● どちらかが正しいものを検索する（OR検索）

```
式1 or 式2
```

　2つの式のどちらか1つだけでも成立するものを検索する（両方成立するものももちろん検索します）場合は、2つの式を「or」でつなぎます。例えば、「nameかmailのどちらかにyamadaが含まれているものを探す」というならこうなります。

```
where name like '%yamada%' or mail like '%yamada%'
```

💡 指定範囲のIDのレコードを取り出す

　ではこれも実際に試してみましょう。フォームを使って2つの数字を入力し、その範囲内のIDのレコードを検索させてみます。

リスト8-9-1

```
01 min = 1 #@param {type:"integer"}
02 max = 2 #@param {type:"integer"}
03
04 with sqlite3.connect(dbpath) as con:
05   cur = con.cursor()
06   query = 'select * from mydata where id >= ? and id<= ?' ·········■
07   cur.execute(query,(min, max))
08   rows = cur.fetchall()
09 df = DataFrame(rows,columns=['ID','Name','Mail','Tel'])
10 df
```

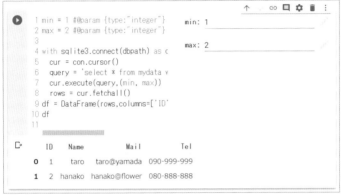

図8-9-1　フォームでIDの最小値と最大値を指定すると、その範囲のレコードを検索する

　ここでは2つの入力フィールドを用意しておきました。これらで検索するIDの最
小値と最大値を指定してプログラムを実行すると、その範囲のレコードを表示しま
す。ここでは、■のようにクエリーを用意していますね。

```
query = 'select * from mydata where id >= ? and id<= ?'
```

　これで2つの?に、それぞれフォームで入力されたminとmaxを代入して実行し
ます。これで、その範囲のレコードが取り出されます。複数の条件を組み合わせる
のも、andとorをうまく使えば意外に簡単に作れるんですね！

10 レコードを削除する

　検索以外にもテーブルを操作するのに必要な機能はあります。例えば、「レコードの削除」はどうでしょう。不要なレコードを取り除く機能は必要ですね。これは以下のようにクエリーを実行します。

【書式】レコードを削除するクエリー

```
delete from テーブル
```

　これを実行すると、テーブルのレコードをすべて削除します。すべてではなく、特定のものだけ削除したい場合は、whereによるフィルターを設定してやります。例えば、where id = 1とつけてやれば、idが1のレコードだけを削除できます。

入力したIDのレコードを削除する

　では、これもサンプルを挙げておきましょう。フォームを使って削除するIDを入力し、実行するものを考えてみます。

リスト8-10-1

```
01  id =  1 #@param {type:"integer"}
02
03  with sqlite3.connect(dbpath) as con:
04    cur = con.cursor()
05    query = 'delete from mydata where id = ?' ············ ■
06    cur.execute(query,[id]) ······························ ■
07    con.commit() ······································· ■
08    cur.execute('select * from mydata')
09    rows = cur.fetchall()
10  df = DataFrame(rows,columns=['ID','Name','Mail','Tel'])
11  df
```

図8-10-1 IDを入力し実行すると、そのIDのレコードを削除する

　実行すると、フォームで入力したIDのレコードが削除されます。ここでは、■のようにクエリーを用意し、実行していますね。

```
query = 'delete from mydata where id = ?'
cur.execute(query,[id])
```

　これでクエリーが実行されました。が、この段階ではまだ削除はされていません。なぜだかわかりますか？　そう、「内容を書き換えるような処理は、コミットして初めて実行される」ということでしたね。

```
con.commit()
```

　■で、入力したIDのレコードが削除されます。削除そのものはとても簡単ですが、whereで「このレコードを削除する」という指定を正確に行わないと、間違って関係ないレコードを削除してしまう危険もあります。削除はよく注意して実行しましょう。

11 レコードを更新する

　既にあるレコードの内容を変更する作業も覚えておきたいところです。レコードの内容の変更は「update」というものを使って行います。

【書式】レコードの内容を削除するクエリー

```
update テーブル set 項目 = 値, 項目 = 値, ……
```

　このように、テーブル名の後にsetをつけ、その後に更新する項目と新しい値をイコールでつなげて記述していきます。複数の項目を更新するときはそれぞれをカンマで区切って記述します。

　これも、ただこれだけを実行してしまうとすべてのレコードの内容が書き換わってしまいます。実行する際には、whereを使って「このレコードを更新する」というフィルター設定を用意しておくのを忘れないでください。

指定IDのレコードを更新する

　では、更新処理のサンプルを挙げておきましょう。フォームを使い、指定IDの内容を書き換えるものを考えてみます。

リスト8-11-1

```
01 d = 0 #@param {type:"integer"}
02 name = "" #@param {type:"string"}
03 mail = "" #@param {type:"string"}
04 tel = "" #@param {type:"string"}
05
06 with sqlite3.connect(dbpath) as con:
07   cur = con.cursor()
08   query = 'update mydata set name = ?, mail = ?, tel = ? ➡ ……
        where id = ?'                                              ┈┈1
09   cur.execute(query,[name,mail,tel,id])┈┈┈┈┈┈┈┈┈┈┈┈┈┈┈┈┈┈┈┈┈┈
10   con.commit()┈┈┈┈┈┈┈┈┈┈┈┈┈┈┈┈┈┈┈┈┈┈┈┈┈┈┈┈┈┈┈┈┈┈┈┈┈┈┈┈┈┈┈┈┈┈2
11   cur.execute('select * from mydata')
12   rows = cur.fetchall()
13 df = DataFrame(rows,columns=['ID','Name','Mail','Tel'])
14 df
```

図8-11-1　id、name、mail、telを入力し実行すると、入力したIDのレコードの内容を書き換える

■1では、id、name、mail、telの4項目のフォームを用意しています。これを実行すると、入力したIDのレコードのname、mail、telをそれぞれ更新します。ここでは、フォームで入力した変数を利用して以下のようにクエリーを実行しています。

```
query = 'update mydata set name = ?, mail = ?, tel = ? where id = ?'
cur.execute(query,[name,mail,tel,id])
```

　これでクエリーが送信されました。後は、コミットを実行すればレコードが更新されます（■2）。

```
con.commit()
```

　これで更新も完了です。更新も、whereで正しく対象となるレコードをフィルター設定しておかないと、予想外のものを書き換えてしまうので注意してください。

12 基本は「CRUD」

　これで、レコードの作成、検索、削除、更新といった作業が一通り行えるように
なりました。テーブルの基本操作は、一般に「CRUD」と呼ばれています。これは
以下のイニシャル（1文字目）を集めたものです。

```
Create(レコード作成)
Read(レコード取得)
Update(レコード更新)
Delete(レコード削除)
```

　これらが一通りできるようになれば、データベースアクセスの基本はマスターで
きたといっていいでしょう。これらの基本操作（どういうメソッドを使い、どういう
クエリーを実行するか）についてもう一度復習しておきましょう。

Colaboratoryで他のデータベースは使える？

　データベースには、SQLite3以外にも沢山の種類があります。これらはColaboratoryで使
えるのでしょうか？

　SQLite3以外のデータベースの多くは「サーバー＝クライアント方式」といってデータベー
スサーバーを起動してそれにアクセスする形で利用をします。Colaboratoryの内部でデータ
ベース・サーバーを実行するのはかなり難しいため、どこか外部にデータベース・サーバーを用
意し、それを利用する必要があります。またデータベース利用に必要なパッケージも、
SQLite3以外は標準で組み込まれていないため、別途用意する必要があります。

　こうしたことから、Colaboratoryで他のデータベースを利用するには、超えないといけない
ハードルがあります。当面は、「SQLite3でデータベース利用の基本を学ぶ」と考えましょう。
もう少しデータベースについての知識が身につき、クラウド上でのデータベース利用などにつ
いて理解が進めば、Colaboratoryで利用する道は開けてくるでしょう。

Chapter 9

ネットワークアクセスしよう

この章のポイント
- requests.getの基本的な使い方を覚えよう
- BeautifulSoupでRSSを利用する基本を理解しよう
- HTMLから必要な要素を取り出す方法をマスターしよう

01 JSONデータを配信するサイト

「外部からデータを取得して動く」というプログラムはたくさんあります。多くの場合、そのデータはWebサイト経由で取得されています。こうした「Webから必要なデータを受け取って動くプログラム」の作り方について説明しましょう。

一口に「Webからデータを受け取る」といっても、そのデータの内容は様々です。一般のWebサイトはHTMLを送信してWebページを表示しています。が、このような一般のWebサイト以外にも、Webサイトはあるのです。それは「データの配信を目的とするWebサイト」です。

Webの世界には、例えば天気予報や株価情報など、さまざまな情報を配信するWebサイトが存在します。多くのWebサイトやスマホのアプリなどがこうしたサイトから受け取る情報を利用して動いていたりするのです。まずは、こうした「情報配信に特化したサイト」からデータを受け取ることを考えましょう。

 JSONとXML

情報配信を行うサイトの場合、多くのデータは「JSON」か「XML」のいずれかの形で配信されています。それ以外のフォーマットを使うことはあまりありません。ですから、この2つのデータの扱い方さえわかれば、情報配信サイトのデータを利用するのはそれほど難しくはありません。

既にJSONデータは使ったことがありますから（P.150参照）、まずはJSONから利用してみましょう。

 Google Books API

今回はサンプルとして、Googleが提供する「Google Books API」を利用してみましょう。これは、Googleブックスの書籍情報をJSON形式で配信するサービスです。これは以下のアドレスに詳細情報があります。

https://developers.google.com/books

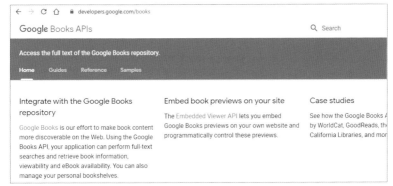

図9-1-1　Google Books APIの詳細ページ

　このAPIは、Googleのクラウド環境の開発者向けに用意されているものですが、一般のユーザーも使うことができます。このWebサービスの利用はとても簡単です。指定のアドレスに、検索したいテキストを指定してアクセスすればいいのです。

【書式】Google Books APIで検索する

```
https://www.googleapis.com/books/v1/volumes?langRestrict=ja&q=検索テキスト
```

　これで、最後のqに指定したテキストを検索した結果がJSON形式で返されます。例えばPythonの書籍を探したければ、最後を「q=python」としてアクセスすればいいのです。

```
←  →  C  ⌂  🔒 www.googleapis.com/books/v1/volumes?langRestrict=ja&q=python        ☆  🟊  🎩  ⋮
[
 "kind": "books#volumes",
 "totalItems": 1309,
 "items": [
  {
   "kind": "books#volume",
   "id": "U2pnwXKnIWIC",
   "etag": "EvQW4/g2qoY",
   "selfLink": "https://www.googleapis.com/books/v1/volumes/U2pnwXKnIWIC",
   "volumeInfo": {
    "title": "Python入門",
    "publisher": "O'Reilly Japan",
    "publishedDate": "1998-02",
    "description": "本書では、日々のプログラミング作業でPythonをどのように利用で
きるかを中心に、Pythonプログラミングの基礎を解説していきます。",
    "industryIdentifiers": [
     {
      "type": "ISBN_10",
      "identifier": "4900900559"
     },
     {
      "type": "ISBN_13",
      "identifier": "9784900900554"
     }
    ],
    "readingModes": {
     "text": false,
     "image": true
    },
    "pageCount": 491,
    "printType": "BOOK",
    "maturityRating": "NOT_MATURE"
```

図9-1-2　アクセスするとJSON形式でデータが表示される

02 requestsについて

　では、どのようにして指定のアドレスにアクセスしてデータを取り出せばいいの
でしょうか。Pythonには、「request」というWebアドレスにアクセスするため
のモジュールが標準で用意されています。が、これはあまり使い勝手が良いとはい
えないため、それほど使われてはいません。

　このrequestと同様の働きをするモジュールとして「requests」というもの
もあり、こちらが広く利用されています。これは、Colaboratoryにも標準で組み
込まれています。

requestsでWebサイトにアクセスする

　このrequestsの使い方は非常に簡単です。まず、事前に「import requests」
を実行してrequestsを使えるようにしておきます。
　指定アドレスへのアクセスは「get」という関数を呼び出すだけです。

【書式】requestsモジュールで指定アドレスにアクセスする

```
変数 = requests.get( アドレス )
```

　アクセスするアドレスをテキストとして引数に指定すれば、それだけでそのアド
レスにアクセスできます。
　このget関数の戻り値は「Response」というオブジェクトになります。これは、
アクセスに関する情報を管理するもので、ここから必要に応じてデータを取り出し
ます。単に、受け取ったテキストを取り出すだけならResponseオブジェクトの
「text」というプロパティの値を取り出せばいいでしょう。

【書式】Responseオブジェクトからテキストを取り出す

```
《Response》.text
```

requests利用の準備をする

　では、使ってみましょう。まず、事前に必要な処理としてimport文とアクセス
するアドレスを用意しておきます。

リスト9-2-1

```
import requests
from pandas import DataFrame
url = 'https://www.googleapis.com/books/v1/volumes?langRestrict=ja&q='
```

これを実行すると、requestsが利用できる状態になります（合わせて、pandasのDataFrameも用意しておきました）。また、アクセスするアドレスはurlという変数に設定してあります。このurlの最後に検索テキストを付け足してアクセスすれば検索結果が得られるわけですね。

データをテキストで表示する

では、Google Books APIからデータを取得してみましょう。以下のプログラムを実行してください。

リスト9-2-2

```
find_str = "" #@param {type:"string"}
result = requests.get(url + find_str) ……… 1
result.text ……… 2
```

図9-2-1　検索結果がJSONのテキストとして出力される

セルにはテキストを入力するフォームが表示されますから、ここに検索したいテキストを入力し、実行してください。これでGoogle Books APIにアクセスし、取得したテキストを表示します。

ここで行っているのはrequests.get(url)（1）でアクセスを行い、result.textでtextプロパティの値を表示しているだけです（2）。これだけ単純に外部サイトにアクセスできるんですね！

💡 JSONからオブジェクトを得る

続いて、JSONデータをオブジェクトとして取得します。これは、getの戻り値であるResponseの「json」メソッドを使います。これは引数のないシンプルなメソッドで、JSONデータを辞書のオブジェクトに変換して返します（❸）。では使ってみましょう。

リスト9-2-3

```
01 find_str = "python" #@param {type:"string"}
02 result = requests.get(url + find_str)
03 data = result.json() ·························· ❸
04 data
```

図9-2-2　JSONデータを辞書の形で取り出す

先ほどと同様、検索テキストを入力してから実行をします。実行すると、書籍のデータが辞書（P.047参照）をベースにしたオブジェクトの形で表示されます。見ればわかりますが、かなり複雑なデータ構造をしているのですね。

これで、JSONデータをオブジェクトとして取り出す方法がわかりました。後は、データ構造を理解し、必要なデータを取り出して処理するだけです。

03 検索データの構造を考える

　JSONでデータを配信するサイトにアクセスし、データを取得するのはとても簡単にできます。難しいのは、得られたデータから必要なデータを探してどう取り出せばいいのか、ということでしょう。これを行うためには、取得したJSONデータの構造がわかっていなければいけません。

　今回利用したGoogle Books APIのJSONデータはどのようになっているのでしょうか。その構造を簡単にまとめてみましょう。

● Google Books APIのデータ構造

```
{
  "kind": "種類",
  "totalItems": 冊数,
  "items": [
    {
      "kind": "種類",
      "id": "ID",
      "etag": "Eタグ",
      "selfLink": "リンクアドレス",
      "volumeInfo": {……},                    ……2
    }
    ……データが並ぶ……
  ]
}
```
                                                  ……1

● 2のvolumeInfoのデータ構造

```
{
  "title": "タイトル",
  "subtitle": "サブタイトル",
  "authors": [ 作者 ],
  "publisher": "出版社",
  "publishedDate": "出版日",
  "description": "説明",
  "imageLinks": {
    "smallThumbnail": "アドレス",
    "thumbnail": "アドレスi"
  },
  "language": "言語",
  "previewLink": "プレビューのリンク",
  "infoLink": "インフォのリンク",
}
```

だいぶ整理しましたが、これでもかなりわかりにくいですね。検索された書籍の
データは、itemsという値にリストの形でまとめられています（■）。リストの各
項目は、検索情報をまとめた辞書の形になっています。この辞書に用意されている
値のうち、「volumeInfo」という項目が、書籍に関する具体的な情報がまとめら
れているところです（■）。

ここには、title、subtitle、authors、publisher ……というように書
籍の情報がいろいろと用意されています。注意したいのは、authorsでしょう。こ
れは作者名の項目ですが、共著もあることを考えリストになっているのです。また、
subtitleやauthorsなどは、書籍によっては値が存在しない場合もあるので、
利用の際には「この項目が用意されているか」を確認して利用しないとエラーにな
る場合もあります。

検索した書籍の内容を表示する

では、取得したJSONデータから情報を取り出し利用してみましょう。ここでは
検索された書籍のタイトル、作者、出版社といった情報を整理し、DataFrameで
表にまとめて表示してみます。

リスト9-3-1

```
01 items = data['items'] ························································■
02 books = [] ······················································································■
03 for item in items:
04   if 'authors' in item['volumeInfo']:
05     author = item['volumeInfo']['authors'][0]      ······■
06   else:
07     author= 'N/A'
08   books.append([
09     item['volumeInfo']['title'],
10     author,                                         ······■
11     item['volumeInfo']['publisher'],
12   ])
13 df = DataFrame(books, columns=['Title','Author','Publisher'])
14 df
```

```
 1 items = data['items']
 2 books = []
 3 for item in items:
 4   if 'authors' in item['volumeInfo']:
 5     author = item['volumeInfo']['authors'][0]
 6   else:
 7     author= 'N/A'
 8   books.append([
 9     item['volumeInfo']['title'],
10     author,
11     item['volumeInfo']['publisher'],
12   ])
13 df = DataFrame(books, columns=['Title','Author','Publisher'])
14 df
```

	Title	Author	Publisher
0	Python入門	N/A	O'Reilly Japan
1	Pythonクイックリファレンス	Alex Martelli	O'Reilly Japan
2	Python入門	エスキュービズム	秀和システム
3	Pythonプログラミング	Lutz, Mark	O'Reilly Japan
4	独習Python	山田祥寛	翔泳社
5	Pythonプロフェッショナルプログラミング 第2版	ビープラウド	秀和システム
6	空飛ぶPython即時開発指南書	Naomi Ceder	翔泳社
7	Pythonスタートブック	N/A	株式会社 技術評論社
8	Pythonチュートリアル	グイド・ファンロッサム	O'Reilly Japan
9	Pythonデスクトップリファレンス	Mark Lutz	O'Reilly Japan

図9-3-1　検索した書籍の情報が表にまとめて表示される

　ここでは、**リスト9-2-3**で作成された変数dataを利用して表示を行っています。検索内容を変更したい場合は、まず**9-2-3**で新たに検索を実行してからこの**9-3-1**を実行してください。これでDataFrameによる表として検索結果が得られます。

データの取得処理について

　では、処理の流れを見てみましょう。ここでは、JSONデータを取得した後、その中からitemsの値だけを取り出します（**1**）。そして、DataFrameで使うデータを保管するための空のリストをbookとして用意しておきます（**2**）。

```
items = data['items']
books = []
```

　data['items']を変数itemsに用意し、ここからデータをまとめたものをfor文の繰り返しで取り出しながら必要な値をbooksにまとめていきます。

```
for item in items: ┄┄┄┄┄┄┄┄┄┄┄┄┄┄┄┄┄┄┄┄┄┄┄┄┄┄┄┄┄┄┄┄┄┄
  if 'authors' in item['volumeInfo']:
    author = item['volumeInfo']['authors'][0]        ┄┄┄┄ ▨3
  else:
    author= 'N/A' ┄┄┄┄┄┄┄┄┄┄┄┄┄┄┄┄┄┄┄┄┄┄┄┄┄┄┄┄┄┄┄┄┄┄
```

　まず、▨3 では item['volumeInfo'] の中に 'authors' という項目があるか
チェックしています。これは作者の項目でしたね。これがあれば、そのリストの最
初の項目を item['volumeInfo']['authors'][0] というようにして取り出
します。なければ、'N/A' と表示させることにします。

　後は、▨4 で、item['volumeInfo'] からタイトルと出版社の情報、そして用
意しておいた作者をリストにまとめて追加しておきます。

```
books.append([ ┄┄┄┄┄┄┄┄┄┄┄┄┄┄┄┄┄┄┄┄┄┄┄┄┄┄┄┄┄┄┄┄┄┄┄
  item['volumeInfo']['title'],
  author,                                           ┄┄┄┄ ▨4
  item['volumeInfo']['publisher'],
]) ┄┄┄┄┄┄┄┄┄┄┄┄┄┄┄┄┄┄┄┄┄┄┄┄┄┄┄┄┄┄┄┄┄┄┄┄┄┄┄┄┄┄┄┄┄┄
```

　append はリストにあるメソッドで (P.157参照)、引数の値をリストの最後に追
加するものです。これを使い、タイトル、作者、出版社の情報をリストにまとめたも
のを books に追加していきます。Google Books API で得られた JSON データの
'volumeInfo' には非常に多くの情報が用意されているので、そのまま
DataFrame に渡すと大変なことになってしまいます。必要な項目だけをピックアッ
プし、あらためてリストにまとめて表示するのが賢明ですね。

04 RSSとXML

JSONの他にもデータの配信で多用されているフォーマットがあります。それは「XML」です。これは、「RSS」によるデータ配信で使われています。

RSSは、ニュースサイトなどでサイトの更新情報を配信するのによく利用されています。XMLベースで、RSSとして定義されている形式に従って作成されたデータであるため、RSSの形式さえわかればどんなサイトのデータも同じように利用することができます。

今回は例としてYahoo!ニュースのRSSを利用してみましょう。以下のアドレスで公開されています。

https://news.yahoo.co.jp/pickup/rss.xml

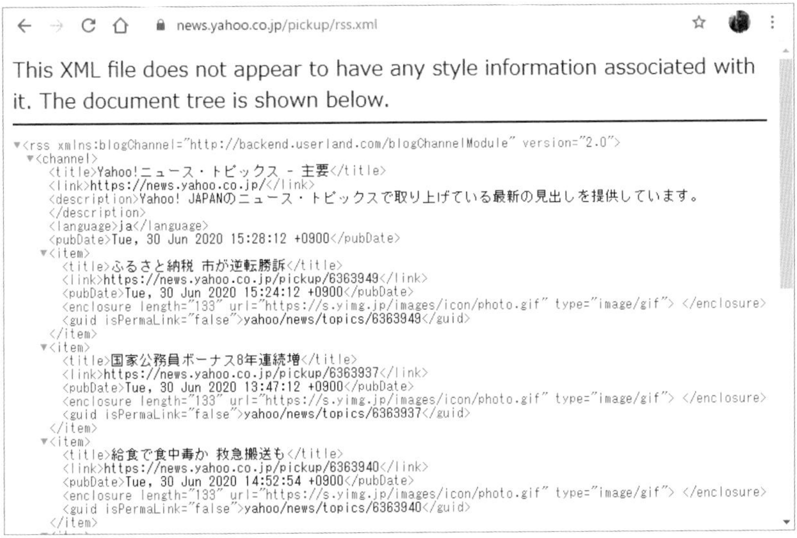
news.yahoo.co.jp/pickup/rss.xml

This XML file does not appear to have any style information associated with it. The document tree is shown below.

```
▼<rss xmlns:blogChannel="http://backend.userland.com/blogChannelModule" version="2.0">
  ▼<channel>
     <title>Yahoo!ニュース・トピックス - 主要</title>
     <link>https://news.yahoo.co.jp/</link>
     <description>Yahoo! JAPANのニュース・トピックスで取り上げている最新の見出しを提供しています。
     </description>
     <language>ja</language>
     <pubDate>Tue, 30 Jun 2020 15:28:12 +0900</pubDate>
   ▼<item>
       <title>ふるさと納税 市が逆転勝訴</title>
       <link>https://news.yahoo.co.jp/pickup/6363949</link>
       <pubDate>Tue, 30 Jun 2020 15:24:12 +0900</pubDate>
       <enclosure length="133" url="https://s.yimg.jp/images/icon/photo.gif" type="image/gif"> </enclosure>
       <guid isPermaLink="false">yahoo/news/topics/6363949</guid>
     </item>
   ▼<item>
       <title>国家公務員ボーナス8年連続増</title>
       <link>https://news.yahoo.co.jp/pickup/6363937</link>
       <pubDate>Tue, 30 Jun 2020 13:47:12 +0900</pubDate>
       <enclosure length="133" url="https://s.yimg.jp/images/icon/photo.gif" type="image/gif"> </enclosure>
       <guid isPermaLink="false">yahoo/news/topics/6363937</guid>
     </item>
   ▼<item>
       <title>給食で食中毒か 救急搬送も</title>
       <link>https://news.yahoo.co.jp/pickup/6363940</link>
       <pubDate>Tue, 30 Jun 2020 14:52:54 +0900</pubDate>
       <enclosure length="133" url="https://s.yimg.jp/images/icon/photo.gif" type="image/gif"> </enclosure>
       <guid isPermaLink="false">yahoo/news/topics/6363940</guid>
     </item>
```

図9-4-1　Yahoo!ニュースのRSSデータ

タグと要素

XMLやHTMLでは、`<channel>…</channel>`、`<title>…</title>`、`<a>…</a>`のように、開始タグと終了タグのセットでデータが構成されています。厳密には、`<></>`の形のものをタグと呼び、タグとその間に含まれているものを**要素**と呼びます。

また、要素には「属性」という情報を加えることもできます。属性は`<a href="">…</a>`のように、開始タグの中に記載します。

Chapter 9

05 BeautifulSoupについて

　XMLデータを利用する場合は、JSONのように簡単にはいきません。Pythonには、標準でXMLのテキストをPythonオブジェクトに変換するような機能が用意されていないのです。このため、XMLのデータを解析してオブジェクトに変換するモジュールを用意する必要があります。

　ここでは、「BeautifulSoup」というパッケージを利用します。BeautifulSoupは、HTML/XMLを解析するプログラムです。XMLのテキストを解析し、必要な項目を探したりその値を取り出したりすることができます。

　このBeautifulSoupも、Colaboratoryには標準で組み込まれています。ですから別途インストールなどは不要です。

💡 BeautifulSoup利用の下準備

　では、BeautifulSoupを利用するための下準備となるプログラムを実行しましょう。以下を新しいコードセルに記述し実行してください。

リスト9-5-1

```
01  import requests
02  from bs4 import BeautifulSoup ··············································1
03  from pandas import DataFrame
04  url = 'https://news.yahoo.co.jp/pickup/rss.xml' ··················2
```

　BeautifulSoupは、from bs4 import BeautifulSoupという文を用意することで利用できるようになります（1）。またYahoo!ニュースのRSSデータのアドレスを変数urlに用意しておきました（2）。これを利用してrequestsでRSSデータを取得し、それをBeautifulSoupで解析し処理すればいいのです。

06 BeautifulSoupを利用する

　BeautifulSoupの利用は、意外と簡単です。BeautifulSoupクラスのインスタンスを作成し、そこから必要な値を取り出していけばいいのです。BeautifulSoupインスタンスの作成は以下のように行います。

【書式】BeautifulSoupクラスのインスタンスを作成する

```
変数 = BeautifulSoup( データ , パーサー )
```

　第1引数には、XMLのデータを指定します。第2引数には「パーサー」と呼ばれる、テキストを解析するためのエンジンプログラム名を指定します。XMLの場合は、これは'xml'と指定しておけばいいでしょう。
　これで、BeautifulSoupオブジェクトが生成されます。このオブジェクトには、XMLのソースコードを解析し1つ1つの要素のオブジェクトを階層的に組み込んだものが用意されています。この変数から、組み込まれている要素の構造に従ってオブジェクトを取り出していけば、必要な情報を得ることができます。

RSSにアクセスする

　では、実際にBeautifulSoupを使ってみましょう。新しいコードセルに以下のプログラムを記述して実行してください。

リスト9-6-1

```
01  result = requests.get(url)
02  bs = BeautifulSoup(result.text, 'xml') ·························· ■
03  print(bs.channel.title.string) ······································ ■
04  print(bs.channel.description.string) ····················· ■
```

```
1 result = requests.get(url)
2 bs = BeautifulSoup(result.text, 'xml')
3 print(bs.channel.title.string)
4 print(bs.channel.description.string)

Yahoo!ニュース・トピックス - 主要
Yahoo! JAPANのニュース・トピックスで取り上げている最新の見出しを提供しています。
```

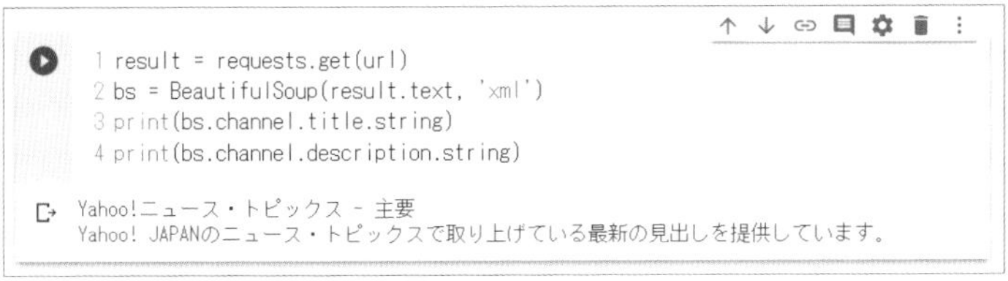

図9-6-1　RSSのタイトルと説明文が表示される

実行すると、Yahoo!ニュースのタイトルと説明テキストが表示されます。ごく簡単なものですが、実際にYahoo!ニュースのRSSを取得して、そこから値を取り出し表示しているのがわかるでしょう。

ここではBeautifulSoupインスタンスを作成（**1**）した後、以下のように値を出力しています（**2**）。

```
print(bs.channel.title.string)
print(bs.channel.description.string)
```

これらは、それぞれ以下のものを取り出し表示しています。タグ構造については**図9-4-1**を見て確認してください。

```
・BeautifulSoupの<channel>要素内にある<title>要素のテキスト
・BeautifulSoupの<channel>要素内にある<description>要素のテキスト
```

bsのchannelプロパティには、<channel>要素を扱うオブジェクトが入っています。titleには<title>要素のオブジェクトが、またdescriptionには<description>要素のオブジェクトが入っているのです。

こんな具合に、BeautifulSoupインスタンスには、XMLの要素ごとに、その要素を扱うためのオブジェクトが作成され、要素の名前のプロパティに設定されています。例えばbs.hogeならば<hoge>要素を扱うオブジェクトがhogeプロパティに組み込まれています。bs.abc.xyzならば<abc>要素のオブジェクトがabcプロパティにあり、更にその中のxyzプロパティに<xyz>要素のオブジェクトが組み込まれていることになります。

bs.channel.title.stringの最後の「string」は、その要素オブジェクトの内部に書かれているテキストを示します。例えば、<title>hello</title>と書かれていたなら、○○.title.stringと指定することで<title>内のテキストである「hello」が取り出せます。

07 RSSの基本構造

　実際に使ってみて、「RSSを扱うためには、RSSのデータがどういう構造になっているかわからないといけない」ということが実感としてわかったことでしょう。

　では、ニュースサイトのRSSはどういう構造になっているのでしょうか。Yahoo!ニュースで使われているRSSデータの基本構造を整理すると以下のようになります。

Yahoo! ニュースのRSSデータの基本構造

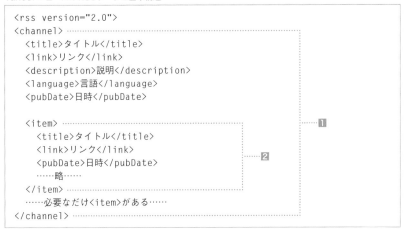

```
<rss version="2.0">
<channel>
  <title>タイトル</title>
  <link>リンク</link>
  <description>説明</description>
  <language>言語</language>
  <pubDate>日時</pubDate>

  <item>
    <title>タイトル</title>
    <link>リンク</link>
    <pubDate>日時</pubDate>
    ……略……
  </item>
  ……必要なだけ<item>がある……
</channel>
```

　<channel>の中に、そのRSSデータに関する各種の情報があり（**1**）、その後で<item>としてニュースの情報がまとめられています（**2**）。<item>は1つだけでなく、ニュースの数に応じて必要なだけ用意されます。この<item>を取り出すことができれば、ニュースの情報を利用できるわけです。

08 <item>をすべて取り出す

では、<item>をすべてまとめて取り出し、その中の情報を出力させてみましょう。以下のように実行してみてください。

リスト9-8-1

```
01  result = requests.get(url)
02  bs = BeautifulSoup(result.text, 'xml')
03  for item in bs.find_all('item'):                         ■
04    print(item.title.string)
05    print(item.link.string)
06    print(item.pubDate.string)                             ②
07    print()
```

図9-8-1　ニュースのタイトルとリンク、作成日時が出力される

実行すると、RSSフィードからニュースのタイトルと記事のリンク、記事が作成された日時が出力されていきます。リンクはそのままクリックすると開くことができます。

find_allで特定要素をまとめて取り出す

　ここではBeautifulSoupインスタンスを作成した後、<item>要素のデータをまとめて取り出し、それを繰り返し処理しています。

```
for item in bs.find_all('item'):
```

　■では、bs.find_all('item')というものが使われています。「find_all」というメソッドは、引数に指定した要素のオブジェクトをまとめて取り出すものです。find_all('item')とすることで、<item>の要素のオブジェクトをすべてリストにまとめて取り出していたのです。ここでは、それをそのままforで使って、順に<item>を取り出して処理していたわけですね。

【書式】find_allですべての要素を取り出す

```
<<BeautifulSoup>>.find_all ( 要素 )
```

　このfind_allは、XMLの階層構造などに関係なく、引数に指定した要素をすべてリストにまとめて取り出すことができます。複雑なデータ構造をしているものの場合、構造に沿って値を調べていくより、find_allで必要な要素だけさっと取り出して処理したほうが簡単でしょう。

　②では、find_allで取り出した要素から、title（ニュースタイトル）、link（記事のリンク）、pubDate（記事の作成日時）に対して、P.232で登場したstringを使ってテキストを画面に表示しています。

09 Webスクレイピングとは?

　JSONとXMLが扱えれば、データを配信しているサイトの情報はだいたい得ることができるようになります。しかし、すべてのWebサイトがRSSを配信しているわけではありません。またRSSはあくまで「新しい記事の紹介」程度ですから、記事の内容はやはりWebサイトのページにアクセスしないとわからないでしょう。

　そこで使われるのが「Webスクレイピング」という技術です。これはWebページにアクセスしてHTMLソースコードをダウンロードし、そこから必要なデータを抜き出して利用する手法です。

　既にBeautifulSoupでXMLを利用する基本について学びました。BeautifulSoupは、HTMLも解析することができます。HTMLを解析するときは、以下のようにインスタンスを作成します。

【書式】BeautifulSoupクラスのインスタンスを作成する (HTML解析)

```
変数 = BeautifulSoup( データ , 'html')
```

　パーサーを'html'にすることで、HTMLのソースコードを解析することができます。後はXMLと同様に必要な要素を探し出して利用するだけです。

Wikipediaにアクセスしよう

　では、実際の利用例として、WikipediaのWebサイトにアクセスし、Webページの情報を取り出して利用してみましょう。アドレスは以下になります。

https://ja.wikipedia.org

　Wikipediaの場合、上のアドレスの後に"/wiki/○○"というように付け足すことで、指定した項目のページにアクセスできます。

　では、Wikipediaにアクセスするための下準備を整えておきましょう。新しいコードセルで以下を実行してください。

リスト9-9-1

```
01  import requests
02  from bs4 import BeautifulSoup
03  url = 'https://ja.wikipedia.org/wiki/Python' ·············· 1
```

Wikipediaの「Python」のページにアクセスするようアドレスを指定しておきました（**1**）。これはWebページですから、RSSのように決まった構造があるわけではありません。従って、情報を得るのに「find_all」（P.235参照）が活躍することになるでしょう。

　なお、ここで作成するサンプルは、2020年7月時点で動作するものです。Webサイトは常に更新されているため、Wikipediaのサイトが更新されるとうまく動作しなくなる場合もあります。あらかじめ了解ください。

図9-9-1　WikipediaのWebサイト（https://ja.wikipedia.org/）

では、WikipediaのPythonのページにアクセスし、そこにあるリンク（<a>要素）の情報をすべて取り出し利用してみましょう。

リスト9-10-1

```
01  result = requests.get(url)
02  bs = BeautifulSoup(result.text, 'html')  ·····················■
03  for a in bs.find_all('a'):  ······································■
04    if a.string != None:  ·······································■
05      print(a.string.strip())
06      href = a.get('href')  ···································■
07      if href != None:  ····································■
08        if href.startswith('http'):
09          print(href)
10        else:
11          print('https://ja.wikipedia.org/wiki/Python' + href)
12        print()
```

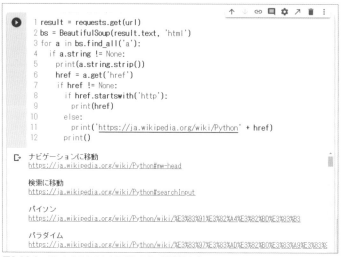

図9-10-1　リンクのテキストとアドレスを一覧表示する

これを実行すると、WikipediaのPythonページに用意されている<a>をすべて取り出し、この要素内に設定されたテキストと、<a>要素のhref属性（P.229参照）として指定されたリンク先のアドレスを出力していきます。

<a>要素の情報を取り出す

　では、処理の流れを見てみましょう。■では、以下のようにしてBeautifulSoup
のインスタンスを作成していますね。

```
bs = BeautifulSoup(result.text, 'html')
```

　XMLとの違いは、第2引数が'html'になっていることだけです。■では、
find_allで<a>要素をすべてまとめて取り出し、forで繰り返し処理します。

```
for a in bs.find_all('a'):
```

　<a>要素のオブジェクトでは、リンクに表示されるテキストはstringプロパティ
として取り出すことができます。では、属性はどうやって取り出すのでしょうか。
サンプルではリンク先を示す「href」という属性を以下のように取得しています。

```
href = a.get('href')
```

　要素の属性は要素オブジェクトの「get」というメソッドを使って取得します。
引数に属性名を指定することで、その属性の値が得られるのです。
　ただし、取り出した<a>要素から必要な情報を得るには、少しだけ注意が必要で
す。それは、「必ずしも、必要な値がすべて用意されているとは限らない」からです。
サンプルコードを見てみると、■と■でこんなif文が使われていることに気がつ
くでしょう（!= についてはP.043参照）。

```
if a.string != None:
if href != None:
```

　■のa.stringでは、<a>要素のtextを取り出しています。また■のhrefは、
<a>要素から取り出したhrefの値です。Webページによっては、これらに値が存
在しないこともあります。ですから、値を取り出して利用するときは、まず「取り
出した値はNoneではないか（空でないか）」を確認するように心がけましょう。
　■で取り出した値が空でないことを確認したら、startswithメソッドでテキ
ストが「http」から始まっているかどうかを確認し、結果によって表示するURL
を変えています。

11 Webページのコンテンツを 取り出す

では、ページに表示されているコンテンツのテキストはどうやって取り出すのでしょうか。実際に試してみましょう。

リスト9-11-1

```
01  result = requests.get(url)
02  bs = BeautifulSoup(result.text, 'html')
03  for p in bs.find_all('p'):
04    if p.string != None:
05      print(p.string)
06      print()
```

■

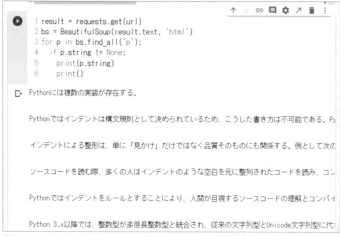

図9-11-1　Wikipediaのページからコンテンツのテキストを表示する

実行するとページのコンテンツが出力されていきます。これは<p>要素をまとめて取り出し、そのテキストを出力しているのです。

```
for p in bs.find_all('p'):
  if p.string != None:
    print(p.string)
```

一般的なWebページの場合、コンテンツは<p>を使って記述されます。そこで、■のようにfind_all('p')で<p>要素をまとめて取り出し、そのstringを出力していったというわけです。

これは、Webページのコンテンツがきちんと<p>タグを使って書かれているサイトでなければうまくいきません。残念ながら、コンテンツを表示するのに<div>タグを使ったり、それ以外のタグで表示をしているWebページもあります。こうしたページでは、この方法ではうまくコンテンツを取り出せないでしょう。

💡 コンテンツのみを取り出す

では、そのような場合はどうすればいいのでしょうか？ 実をいえば、Beautiful Soupには、特定の要素内にあるコンテンツをテキストとして取り出す機能が用意されているのです。これを使えば、簡単に表示コンテンツを取り出すことができます。

リスト9-11-2

```
01  result = requests.get(url)
02  bs = BeautifulSoup(result.text, 'html')
03  bs.body.get_text() ........................2
```

図9-11 2　ページに表示されているコンテンツのテキストを出力する

これでページに表示されているコンテンツがテキストとして出力されます。ここでは、2のようにしてコンテンツのテキストを取り出しています。

```
bs.body.get_text()
```

bs.bodyというのは、<body>のことですね。その「get_text」メソッドを

呼び出すことで、\<body\>内に表示されるテキストが取得されていたのです。get_textは、BeautifulSoupの要素となるオブジェクトに用意されているメソッドで、その要素内の表示テキストを返します。ただし、すべてのテキストを取り出すので、中にはコンテンツとしてWebページに表示されないもの（改行やタブの制御記号など）も混じってしまいます。

　このメソッドはbs.bodyだけでなく、どんな要素でも利用できます。

Webページのタグ構造を確認するには

　Webページのコンテンツがどのように書かれているかは、どのように確認すればよいのでしょうか。そのようなときにはChromeの機能を使うと便利です。

　タグ構造が知りたいWebページを表示した状態で右クリックし、「ページのソースを表示」を選ぶと、Webページのソースコードが表示され、タグ構造を確認することができます。

```
<body class="mediawiki ltr sitedir-ltr mw-hide-empty-elt ns-0 ns-subject page-メインページ rootpage-メインペー
ジ skin-vector action-view skin-vector-legacy"><div id="mw-page-base" class="noprint"></div>
<div id="mw-head-base" class="noprint"></div>
<div id="content" class="mw-body" role="main">
    <a id="top"></a>
    <div id="siteNotice" class="mw-body-content"><!-- CentralNotice --></div>
    <div class="mw-indicators mw-body-content">
    </div>
    <h1 id="firstHeading" class="firstHeading" lang="ja">メインページ</h1>
    <div id="bodyContent" class="mw-body-content">
        <div id="siteSub" class="noprint">出典: フリー百科事典『ウィキペディア（Wikipedia）』</div>
        <div id="contentSub"></div>
        <div id="contentSub2"></div>

        <div id="jump-to-nav"></div>
        <a class="mw-jump-link" href="#mw-head">ナビゲーションに移動</a>
        <a class="mw-jump-link" href="#searchInput">検索に移動</a>
        <div id="mw-content-text" lang="ja" dir="ltr" class="mw-content-ltr"><div class="mw-parser-output">
```

図9-11-3　右クリックして「ページのソースを表示」を選ぶと、Webページのソースコードを確認することができる

12 属性によるフィルター設定

find_allは、特定の要素を取り出すことができますが、複雑なWebページに
なると要素の種類だけでなく、もっと細かな条件で要素を取り出す必要が生じます。

例えば、〈p〉や〈div〉などはページのさまざまなところで使われています。これ
らを全部取り出すと、その中で本当に必要な部分を探さないといけません。「全部
じゃなくて、この部分の要素だけ取り出したい」というときはどうするのでしょうか。
実はこのfind_allには、オプションとなる引数が用意されています。

【書式】find_allで条件に合う要素を取り出す

```
《BeautifulSoup》.find_all( 要素 , 属性=値 )
```

このように属性と値を指定することで、属性に特定の値が設定された要素だけを
取り出すことができるようになります。これにより、例えばclass属性を使って特
定のクラスが指定されたものだけを取り出したり、name属性を使って特定の名前
のものだけを取り出したりすることができるようになります。

サマリーの<p>要素だけを取り出す

では、これも利用例を挙げておきましょう。Wikipediaのページで、コンテンツ
内の見出しのテキストを取り出してみます。

リスト 9-12-1

```
01  result = requests.get(url)
02  bs = BeautifulSoup(result.text, 'html')
03  span = bs.find_all('span', class_="toctext") ·················■
04  for item in span:
05    print(item.string)
```

```
1 result = requests.get(url)
2 bs = BeautifulSoup(result.text, 'html')
3 span = bs.find_all('span', class_="toctext")
4 for item in span:
5   print(item.string)
```

```
概要
特徴
動作する計算機環境 (platform)
実装
ライセンス
言語の機能
構文
データ型
オブジェクト指向プログラミング
ライブラリ
多言語の扱い
利用
データサイエンスおよび数値計算用途
Webアプリケーション用途
システム管理およびグルー言語用途
教育用
```

図9-12-1　見出しのテキストだけ取り出して表示する

　ここでは、**1**のような形でサマリーを表示する<span>のオブジェクトだけをまとめて取り出しています。

```
span = bs.find_all('span', class_="toctext")
```

　2番目の引数に指定されているclass_="○○"というのは、class属性の値を指定して要素オブジェクトを取り出すものです。class属性の場合、class="○○"ではなく class_="○○"と記述する（classの後に_がつく）必要があるので注意しましょう。

　要素の名前と属性を合わせて指定することで、かなり細かく要素を指定して取り出すことができるようになります。ただし、そのためには取得するHTMLの内容をあらかじめよく調べておく必要があります。「取り出したいものは、WebページのHTMLの中にどのように用意されているのか」をよく考えてfind_allしてください。

13 取得した項目をテーブルにまとめる

これでBeautifulSoupを使ってWebページのHTMLから必要な情報を取り出す基本がわかってきました。最後に、取り出した情報の利用例として、Wikipediaのトップページにある「今日は何の日」の情報をDataFrameでテーブルにまとめて表示する、ということをやってみましょう。

リスト9-13-1

```
01  from pandas import DataFrame
02
03  top = "https://ja.wikipedia.org"
04  result = requests.get(top)
05  bs = BeautifulSoup(result.text, 'html')
06  content = bs.find_all('div', class_='mainpage-content-text') ……■
07  li = content[5].find_all('li') …………………………………………………■
08  data = []
09  for item in li:
10    if item.text != None: ………………………………………………………………■
11      data.append(item.text) …………………………………………………………■
12  df = DataFrame(data=data,columns=['今日は何の日'])
13  df
```

図9-13-1　トップページにある「今日は何の日」の項目をテーブル表示する

実行すると、今日のトップページに表示されている「今日は何の日」の項目がテーブルにまとめられ表示されます。

ここではBeautifulSoupを作成し、■のように要素を収集しています。

```
content = bs.find_all('div', class_='mainpage-content-text')
```

Wikipediaのトップページには「選り抜き記事」「新しい記事」というように、いくつかのコンテンツが用意されています。これらは、`mainpage-content-text`というクラスの〈div〉でまとめられています。これらをまとめて取り出しています。

```
li = content[5].find_all('li')
```

その中から、②のように、`content[5]`の中にある〈li〉要素を取り出しています。`content[5]`は、「今日は何の日」のコンテンツがまとめられているところです。その中の項目は、〈ul〉要素内に〈li〉要素で記述されています。そこで、`find_all`で〈li〉だけを抜き出している、というわけです。

BeautifulSoupは、このように「`find_all`で取り出したものの中から、更に`find_all`で特定のものだけを取り出す」ということができます。複雑な構造のHTMLでも、このようにして何段階かに分けて`find_all`していけば、必要な情報にたどり着くことができるでしょう。

さて、「今日は何の日」の項目となる〈li〉が得られたら、後は〈li〉からテキストを取り出し、リストにまとめてDataFrameの`data`に指定し表示するだけです。ただし、テキストが設定されていない可能性もあるため、`if item.text != None:`というようにしてテキストがNoneでないかチェックして（③）、リストに追加しています（④）。

「データをリストにまとめてDataFrameに設定する」という基本がわかれば、このように収集したデータをDataFrameで利用するのはそう難しいことではありません。いろいろなWebサイトからデータを収集し表示させてみると、BeautifulSoupとDataFrameの連携の仕方もわかってくるでしょう。

Chapter **10**

マップを活用しよう

この章のポイント
・folium で指定場所のマップを表示しよう
・マーカーや図形をマップに表示しよう
・日本地図を使ってデータを視覚化しよう

　仕事やプライベートで「これが使えたら便利だなぁ」と思える機能の1つに「マップ表示」があるでしょう。打ち合わせでも地図にマーカーを付けて「ここで待ち合わせ」と提示できればずいぶんと助かりますね。

　マップを利用するためのパッケージとしては、「folium」というものがよく利用されます。これも、Colaboratoryには標準で組み込まれています。「import folium」と記述しておくことで、foliumのマップ機能が使えるようになります。

💡 指定場所のマップを表示する

　foliumの使い方はとても簡単です。Mapというクラスのインスタンスを作成するだけです。これは以下のように記述します。

【書式】Mapクラスのインスタンスを作成する

```
変数 = folium.Map( location=位置データ , zoom_start=倍率 , width=横幅, ↵
height=高さ )
```

　この他にも多くの引数が用意されていますが、上記だけ覚えれば、自分が望む場所のマップを表示させることができます。

　locationには、位置データの値を用意します。これは、緯度と経度の値（float値）をリストにまとめたものを使います。またzoom_startはマップの倍率で、0〜18の整数で指定します。これは数字が大きいほど拡大されます。

　widthとheightは、マップの大きさを示すもので、それぞれピクセル数で指定します。これらは省略すると、セルの横幅に応じてマップが自動的に拡大縮小されます。「マップサイズを固定したいときに使うもの」と考えると良いでしょう。

東京駅のマップを表示する

　では、簡単な例として「東京駅のマップを表示する」プログラムを作ってみましょう。新しいコードセルに以下を記述し実行してください。

リスト10-1-1

```
01  import folium
02
03  map = folium.Map(location=[35.681, 139.767], zoom_start=15)
04  map
```

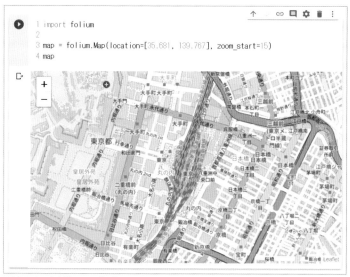

図10-1-1　東京駅のマップを表示する

　簡単にマップが表示できてしまいました！ location=[35.681, 139.767]は東京駅の緯度経度の値になります。zoom_start=15は駅の周辺が表示されるレベルの倍率にしてあります。これらの数字を適当に変更して表示がどう変わるか確かめてみると良いでしょう。

　作成された地図はマウスでドラッグして自由に表示場所を動かせますし、「＋」「ー」ボタンをクリック（あるいはマウスホイールを回転）することで拡大縮小することができます。

　デフォルトで使われるマップデータは、Open Street Mapです。これはオープンソースのマップデータプロジェクトで、Googleマップなどのように利用の制約もなく、自由に使えるマップです。

様々なタイル

デフォルトでは、一般的なマップが表示されますが、これは「tiles」というオプションを使って変更できます。

●地形マップ

地形データのマップは、tiles='Stamen Terrain'を指定することで利用できます。例えば、以下のように実行すると富士山の地形マップが表示されます。

リスト10-1-2

```
01  map = folium.Map(location=[35.361, 138.727],
02    zoom_start=12,
03    tiles='Stamen Terrain')
04  map
```

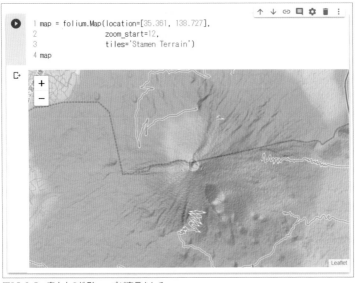

図10-1-2　富士山の地形マップが表示される

●モノクロマップ

モノクロの線画によるマップも用意されています。これは、tiles='Stamen Toner'を指定して表示します。例えば、以下を実行すると東京近郊のモノクロマップが表示されます。

リスト 10-1-3

```
01  map = folium.Map(location=[35.681, 139.767],
02    zoom_start=10,
03    tiles='Stamen Toner')
04  map
```

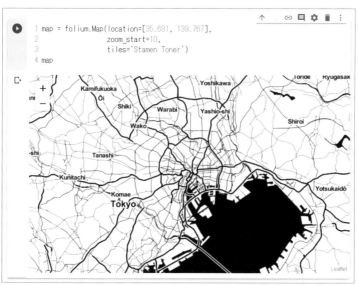

図10-1-3　東京近郊のモノクロマップが表示される

Open Street Mapとは？

　foliumでは、Open Street Mapというマップを利用していますが、「そんなマップ、聞いたことがない」という人も多いかもしれません。

　Googleマップほど知名度は高くありませんが、Open Street Mapはオープンソースのマッププロジェクトとして世界中で利用されています。プロジェクトを推進しているOSM財団が活動を開始したのは2004年ですから、実に10年以上も前から活動しているプロジェクトなのです。

　Googleマップに比べると、ストリートビューに相当するものがなかったり、ショップ情報などの情報がまだまだ少ないのは確かでしょう。しかし道路や建物などの基本的なマップはほぼ完全に網羅されており、地図としては問題なく利用できます。

　以下のアドレスで公開されていますので、「どのぐらい地図として使えるのか？」と気になる人は実際にアクセスして使ってみましょう。

https://www.openstreetmap.org

02 マーカーを表示する

Googleマップなど多くのマップアプリでは、マップに「マーカー」と呼ばれるマークを付けることができます。マーカーを用意することで、「ここ！」という場所がはっきり伝えられます。

マーカーは、foliumの「Marker」というクラスとして用意されています。これは以下のように作成をします。

【書式】Markerクラスのインスタンスを作成する

```
変数 = Marker(location=位置データ )
```

引数には、表示する位置データを用意します。これはMapのlocationと同じく、緯度と経度の値をリストにまとめたものを指定します。

これでマーカーはできましたが、まだこの状態ではマップには表示されません。作成したMarkerインスタンスをMapインスタンスに組み込んで初めて表示されるようになります。これは、Markerの「add_to」メソッドを使います。

【書式】マーカーをMpインスタンスに追加する

```
《Marker》.add_to(《Map》)
```

引数に組み込むMapを指定します。これで、そのマップ上にマーカーが表示されるようになります。

東京スカイツリーにマーカーを付ける

では、マーカーを使ってみましょう。下のサンプルプログラムは、東京スカイツリーにマーカーを表示する例です。マーカーの作成と組み込み方がわかれば、意外と簡単に表示できるのです。以下では、■でMarkerのインスタンスを作成し、■でMapインスタンスに追加しています。

リスト10-2-1

```
01  map = folium.Map(location=[35.7101, 139.8107], zoom_start=15)
02  marker = folium.Marker(location=[35.7101, 139.8107]) ·····················■
03  marker.add_to(map) ································································■
04  map
```

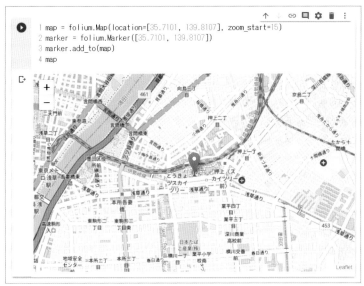

```
 1  map = folium.Map(location=[35.7101, 139.8107], zoom_start=15)
 2  marker = folium.Marker([35.7101, 139.8107])
 3  marker.add_to(map)
 4  map
```

図10-2-1　東京スカイツリーにマーカーを表示する

ツールチップとポップアップ

マーカーには、そのマーカーの説明やヒントとなる「ツールチップ」「ポップアップ」が設定できます。ツールチップはマウスポインタが上に来たときに現れるヒント情報で、ポップアップはマーカーをクリックしたときに現れる吹き出し状の説明です。これらは、Markerインスタンスを作成する際に「tooltip」「popup」といった値として用意します。

では、利用例を挙げておきましょう。

リスト10-2-2

```
01  pos = [35.7101, 139.8107]
02  map = folium.Map(location=pos, zoom_start=15)
03  tip = 'TOKYO SKY TREE' ·································································· 1
04  pop = '''<p>the most famous tourist attraction in Tokyo.</p>
05    <p>web site is <a href="http://www.tokyo-skytree.jp/"
06      target="blank">here</a>!</p>                                          2
07  '''
08  marker = folium.Marker(location=pos, tooltip=tip, popup=pop) ···· 3
09  marker.add_to(map)
10  map
```

```
1 pos = [35.7101, 139.8107]
2 map = folium.Map(location=pos, zoom_start=15)
3 tip = 'TOKYO SKY TREE'
4 pop = '''<p>the most famous tourist attraction in Tokyo.</p>
5   <p>web site is <a href="http://www.tokyo-skytree.jp/"
6   target="blank">here</a>!</p>
7 '''
8 marker = folium.Marker(location=pos, tooltip=tip, popup=pop)
9 marker.add_to(map)
10 map
```

図10-2-2　マーカーをクリックすると吹き出しが現れる

　マウスポインタがマーカー上にくるとツールチップが現れます。またクリックすると吹き出しが現れます。吹き出しに表示されるメッセージにあるリンクをクリックすると、東京スカイツリーのWebサイトを開きます。

　リスト10-2-2では、あらかじめtip（**1**）とpop（**2**）にテキストを設定しておき、それらを使ってマーカーを作成しています（**3**）。

```
marker = folium.Marker(location=pos, tooltip=tip, popup=pop)
```

　このpopupに設定したテキスト（**2**）は、ただのテキストではなくHTMLのソースコードになっています。popupでは、HTMLをそのまま吹き出しに表示させることができるのです。ここでは<a>でリンクを付けてありますが、その他にもさまざまな応用が考えられるでしょう。

アイコンに色を付ける

　マーカーは「icon」という引数で設定することができます。foliumには「Icon」というクラスが用意されており、これでアイコンを作成し、Markerインスタンスのicon引数に指定することで、マーカーの表示を変更できます。

【書式】Iconクラスのインスタンスを作成する

```
folium.Icon(color=色 , icon=アイコン名 )
```

【書式】Markerクラスのインスタンスを作成する (アイコンも指定する)

```
変数 = Marker(location=位置データ, icon=アイコン )
```

　Iconインスタンスを作成する際の引数は、colorとiconの2つが用意されています。このうち、iconは、基本的に'info-sign'を指定すると考えてください。デフォルトではこのアイコンだけが用意されています。colorは、あらかじめ用意されているカラーの名前をテキストで指定します。用意されている色名は以下の通りです。

colorで指定できる色名

```
red, blue, green, purple, orange, darkred, lightred, beige,
darkblue, darkgreen, cadetblue, darkpurple, white, pink, lightblue,
lightgreen, gray, black, lightgray
```

　では、実際の利用例を挙げておきましょう。赤青緑の3色のマーカーを表示してみます。

リスト10-2-3

```
01 loc = [35.7101, 139.8107]
02 pos = [
03   [35.7101, 139.8107],
04   [35.7101, 139.8007],
05   [35.7101, 139.8207]
06 ]
07 clr = ['red','green','blue']
08 map = folium.Map(location=loc, zoom_start=15)
09 for i in range(3):
10   icn = folium.Icon(color=clr[i],icon='info-sign')
11   marker = folium.Marker(location=pos[i], icon=icn)
12   marker.add_to(map)
13 map
```

Chapter 10

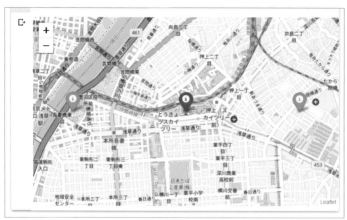

図10-2-3　左から緑、赤、青のマーカーが表示される

　実行すると左から緑、赤、青の3つのマーカーが横一列に並んで表示されます。あらかじめ色と位置の値をリストにまとめておき（**１**）、forを使って順に値を取り出してMarkerを作成しています。forでは、以下のようにしてMarkerインスタンスを作成しています。

```
icn = folium.Icon(color=clr[i],icon='info-sign') ⋯⋯⋯⋯⋯２
marker = folium.Marker(location=pos[i], icon=icn) ⋯⋯⋯⋯３
```

　２では、色情報としてリストclrのデータを使ってfolim.Iconのインスタンスを作成しています。**３**では、位置情報としてリストposのデータを使い、icon引数には**２**のインスタンスを指定して、Markerインスタンスを作成しています。これで指定した色のマーカーが表示されるようになります。

03 サークルマーカーについて

　通常のマーカーの他に、foliumには「サークルマーカー」と呼ばれるものも用意されています。これは名前の通り、円のマーカーです。foliumには図形を追加することもできるのですが、サークルマーカーはマーカーとして用意されている円の図形です。これは「CircleMarker」というクラスとして用意されており、以下のようにインスタンスを作成します。

【書式】CircleMakerクラスのインスタンスを作成する

```
変数 = folium.CircleMarker( location=位置データ，……)
```

　引数として最低限必要となるのは、表示する位置を示すlocationでしょう。が、この他にも多数の引数が用意されています。以下に主なものを整理しておきます。

radius	半径。デフォルトは「10」
weight	円の線分の太さ。デフォルトは「3」
color	円の輪郭線の描画色
fill	内部を塗りつぶすかどうか (真偽値)
fill_color	fill=Trueのとき、内部を塗りつぶす色
opacity	輪郭線の透過度 (0〜1.0の実数)
fillOpacity	fill=Trueのとき、内部の透過度 (0〜1.0の実数)

　これらは設定する必要がある場合のみ用意すればいいでしょう。省略しても問題は起こりません。

　作成したCircleMarkerインスタンスは、Markerと同様に「add_to」メソッド (P.252参照) を使ってMapに組み込みます。

【書式】サークルマーカーをMapインスタンスに追加する

```
《CircleMarker》.add_to(《Map》)
```

　では、利用例を見てみましょう。

リスト10-3-1

```
01  loc = [35.7101, 139.8107]
02  pos = [
03    [35.7101, 139.8107],
04    [35.7101, 139.8007],
05    [35.7101, 139.8207]
06  ]
07  clr = ['red','green','blue']
08  map = folium.Map(location=loc, zoom_start=15)
09  for i in range(3):
10    cm =folium.CircleMarker(
11      location=pos[i],
12      radius=50,
13      weight=10,
14      color=clr[i],
15      fill=True,
16      fill_color='#000000'
17    )
18    cm.add_to(map)
19  map
```

図10-3-1　3つのサークルマーカーを表示する

　ここでは、緑赤青の３つのサークルマーカーを表示しています。それぞれ、あらかじめ用意した位置に決まった大きさの円を描きます。この円は、マップとは無関係に指定した大きさで描かれます。試しにマップを拡大縮小して円の表示がどうなるか確かめてみましょう。拡大縮小しても、描かれる円の大きさは変わりません。マップの縮尺に合わせて描かれるわけではなく、マップとは無関係に指定した大きさで表示されます。これが図形ではなくマーカーの仲間であることが納得できるでしょう。

　プログラムも見ておきましょう。■で、CircleMarkerのインスタンスを作成しています。今回は位置情報のほか、判型、円の線分の太さ、線の色、塗りつぶしの色を引数として指定しました。■で、サークルマーカーをMapインスタンスに追加しました。

04 図形を描く

　サークルマーカーのような図形を描く機能は、foliumには一通り揃っています。基本的な図形として、「円」「四角形」「直線」「多角形」のクラスを紹介しておきましょう。

●円

```
Circle( location=位置データ, radius=半径 )
```

　CircleMarkerと同じように円を表示するクラスです。locationで位置（中心地点）を指定し、radiusで半径を指定します。

●四角形

```
Rectangle( [ 位置1 , 位置2 ] )
```

　長方形を表示するクラスです。2つの位置データ（長方形の左上と右下の位置）をリストにまとめたものを引数に用意します。

●直線

```
Polyline( [ 位置1, 位置2, ……] )
```

　複数の地点を直線で結ぶ線分を表示するクラスです。位置データをリストにまとめたものを引数に用意します。

●多角形

```
Polygon( [ 位置1, 位置2, ……] )
```

　複数の地点を結んだ多角形を表示するクラスです。Polylineと同じく位置データをリストにまとめたものを引数に用意します。こちらは最初の位置と最後の位置を自動的に結んで多角形にします。

これらのクラスは、いずれもCircleMarkerに用意されているオプション引数と同じものが使えます。これらを使って色や線の太さ、塗りつぶしの有無などを指定できます。

図形をマップに表示する

では、実際にこれらの図形をマップに追加してみましょう。例として三角形、四角形、円を表示させてみます。

リスト10-4-1

```
01  loc = [35.7101, 139.8107]
02  pos = [
03    [35.7201, 139.8107],
04    [35.7051, 139.8007],
05    [35.7051, 139.8207]
06  ]
07
08  clr = ['red','green','blue']
09  map = folium.Map(location=loc, zoom_start=14)
10  pg = folium.Polygon(pos,weight=10,color='red') ················ 1
11  pg.add_to(map) ·······························
12
13  rp = [
14    [35.7121, 139.8057],
15    [35.6986, 139.8157],
16  ]
17  rc = folium.Rectangle(rp, color='blue', ·················
18    weight=20,opacity=0.5) ································· 2
19  rc.add_to(map) ·······························
20
21  cr = folium.Circle(location=loc, radius=1000, ···········
22    color='green', weight=50,opacity=0.25) ·············· 3
23  cr.add_to(map)
24  map
```

実行すると3つの図形がマップに描かれます（**図10-4-1**）。 1 では多角形（ここでは三角形）の図形を作成し、Mapインスタンスに追加しています。同じように、 2 では四角形、 3 では円を作成しています。

クラスは異なりますが、いずれも使っているオプション引数などは共通していますから、慣れてしまえばどの図形も同じ感覚で作成できるようになります。

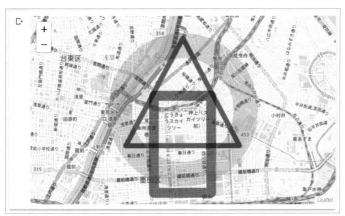

図10-4-1　三角形、長方形、円の3つの図形が表示される

💡 CirclaMarkerとCircleは何が違う？

　ここで、「CircleMarkerとCircleは、何が違うんだ？」という疑問を持った人もいることでしょう。

　何が違うのか、実際に比べてみましょう。■ではCircleMarker、■ではCircleの設定を行いました。

リスト10-4-2

```
01 loc = [35.7101, 139.8107]
02 pos = [
03   [35.7101, 139.8087],
04   [35.7101, 139.8127]
05 ]
06 map = folium.Map(location=loc, zoom_start=17)
07
08 cm = folium.CircleMarker(location=pos[0], radius=100, ➡ ·······
   color='red', weight=10)                           ········· ■
09 cm.add_to(map) ········
10
11 cr = folium.Circle(location=pos[1], radius=100, ➡ ·······
   color='red', weight=10)                        ········· ■
12 cr.add_to(map) ········
13
14 map
```

　実行すると、ほぼ同じような円が2つ描かれます。どちらも同じ大きさなのを確認してから、「＋」「－」ボタンをクリックしてマップの倍率を変えてみてください。

すると、Circleの円はマップの拡大縮小に合わせて大きさが変わるのに対し、CircleMarkerは常に同じ大きさで表示されることがわかるでしょう（**図10-4-2**）。

図10-4-2　表示時は同じように見える（上図）が、倍率を変える（下図）と、Circle（右）はマップに合わせて拡大縮小し、CircleMarker（左）は常に同じ大きさで表示される

CircleMarkerは、「マーカー」の仲間であり、マップとは関係なく常に同じように表示されます。Circleなど図形のクラスは、マップ上に表示されるものなので、マップが拡大縮小されるとそれに合わせて表示される図形の大きさも変わるのです。

05 テキストセルと組み合わせる

　以上、foliumによるマップ表示について一通り説明しました。マップは、例えばテキストセルと組み合わせて使うことで、さまざまなシーンで活用できるようになります。

　例えば、イベントなどのアナウンスをColaboratoryのノートブックとして作成して公開すれば、リアルタイムに動かせるマップ付きのドキュメントを作れます。マップを付ける必要があるドキュメントというのは意外に多いものです。#@title（P.109参照）を使ってコードセルのプログラムを非表示にすれば、普通のドキュメントとして十分通用するものが作れます。

　Microsoft WordやGoogleドキュメントなどのワープロソフトでは、マップはただの静止画として付けるしかありません。しかしColaboratoryでは、その場で動くマップを埋め込むことができます。ただのドキュメントよりも圧倒的にわかりやすくなりますね！

図10-5-1　テキストセルとfoliumを組み合わせた例

06 Colaboratoryで コマンドを実行しよう

　ここでマップから少し話がずれますが、実をいえば、Colaboratoryのコードセルで実行できるのは、Pythonだけではありません。Linuxのコマンドを実行することもできるようになっているのです。

　例えば、コードセルに以下を書いて実行してみてください。

リスト10-6-1

```
01  !ls sample_data -l
```

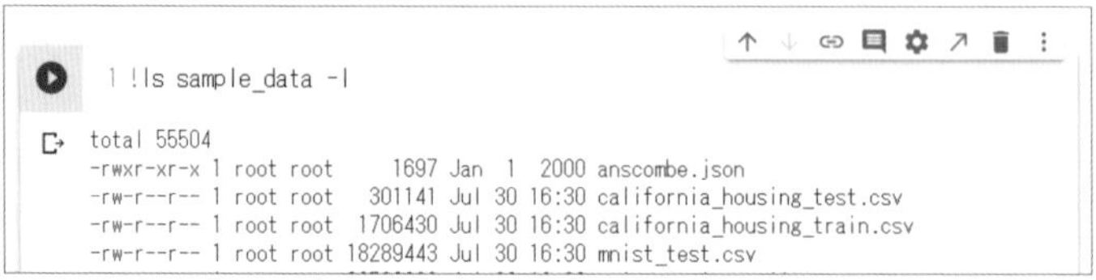

図10-6-1　実行すると「sample_data」フォルダ内のファイル情報を表示する

　これを実行すると、「sample_data」フォルダの中にあるファイルの情報が一覧表示されます。Linuxの「ls」コマンドというのを実行して、その結果が表示されたのです。このように、コードセルでは冒頭に「!」を付けることでLinuxコマンドが実行できます。

【書式】Linuxコマンドの実行

```
!コマンド
```

　このような形ですね。Colaboratoryは、GoogleのクラウドにあるLinuxサーバーで動いています。このLinux環境でコマンドは実行されるのですね。といっても、サーバーのハードディスクをそのまま操作できてしまうと危険ですから、ランタイムごとに割り当てられる仮想環境上で動くようになっています。

　したがって、ランタイムが終了すると、コマンドで実行した処理もすべて消えてしまい、また初期状態に戻ります。「コマンドを失敗してColaboratoryが動かなくなった」などという心配はいりません。

07 pipパッケージを インストールする

マップに話を戻します。マップというのは、位置や場所を示すのに使うものばかりではありません。ある種のグラフとして使うこともあります。いわゆる「白地図」としてマップを利用するケースですね。こういう用途に使えるマップとして「japanmap」というパッケージがあります。これは、Colaboratoryには標準で用意されていません。

コードセルからコマンドを実行することで、Colaboratoryに用意されていないパッケージをインストールし、利用できるようになります。

Pythonには「pip」というコマンドが用意されています。これは、Pythonのパッケージ管理ツールです。Pythonのプログラムは、これを使ってインストールできます。

【書式】Colaboratoryに用意されていないパッケージをインストールする

```
!pip install パッケージ
```

このように実行することで、Pythonのパッケージをその場でダウンロードしインストールすることができます。

pipはPythonのパッケージ管理の基本です。これはColaboratoryだけでなく、パソコンなどで使われている一般的なPython環境でも利用します。Pythonの学習を続けていくなら、今後も必ず使うことになりますから、ここでしっかり覚えておきましょう。

🔆 pipでjapanmapを組み込む

では、「japanmap」パッケージをインストールしてみましょう。コードセルに以下を記述し、実行してください。

リスト10-7-1

```
01  !pip install japanmap
```

実行すると下に実行状況が出力されていきます (**図10-7-1**)。

図10-7-1　pip installでjapanmapパッケージをインストールする

　最後に「**Successfully installed japanmap-xxx**」（xxxはバージョン）
と表示されたなら、問題なくインストールが完了しました。

　これでjapanmapパッケージが使えるようになります。が、これはあくまで「ラ
ンタイムの仮想環境にインストールされている」ということを忘れないでください。
ですから、ランタイムが終了すると、インストールしたパッケージも消えてしまい
ます。再度ランタイムに接続した際には、もう一度インストールを実行する必要が
あります。

08 日本地図を表示する

　では、日本地図を表示させてみましょう。これには、ちょっとわかりにくい処理を実行する必要があります。まずは、実際にプログラムを書いて動かしてみましょう。

リスト10-8-1

```
01  from japanmap import picture ·····························1
02  import matplotlib.pyplot as plt ·····················2
03
04  plt.imshow(picture()) ···································3
```

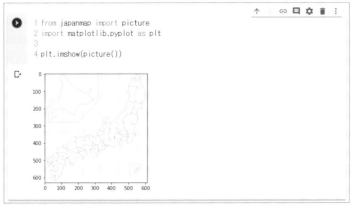

図10-8-1　日本の白地図が表示される

　これをコードセルに書いて実行すると、日本地図がその下に表示されます。都道府県ごとに境界線が描かれている白地図です。意外と簡単に表示できてしまいますね。

地図表示の流れを整理する

　では、一体どのようにして日本地図が表示されたのでしょうか。書かれているコードを細かく見ていきましょう。

```
from japanmap import picture
import matplotlib.pyplot as plt
```

　日本地図の表示で必要となる機能は大きく2つあります。1つは、japanmapモ

Chapter 10

ジュールにある「picture」関数。これは地図のグラフィックを生成するものです。1でインポートしています。そしてもう1つが、matplotlib.pyplot（P.134参照）というモジュール。2でインポートしています。これは、実は地図とは関係ありません。これはグラフ作成のためのモジュールで、本書で使ったAltair（P.112参照）と同じようなものです。

　japanmapモジュールは、実はmatplotlibというグラフ作成モジュールを利用して、グラフとして日本地図を描いているのです。

　ここまでは、地図を作成するための下準備の部分です。実際の描画は3の文で行っています。

```
plt.imshow(picture())
```

　plt.imshowというもので、グラフにイメージを描画しています。引数にはjapanmapのpicture関数の戻り値を指定し、これが地図のグラフィックとしてグラフに描画されます。

💡 大きさを調整する

　しかし、実際に表示すると意外に地図が小さく描かれることがわかります。実用を考えれば、もう少し大きくしたいですね。ではやってみましょう。

リスト10-8-2

```
01  from pylab import rcParams ·································1
02
03  rcParams['figure.figsize'] = (10,10) ·················2
04  plt.imshow(picture())
```

　これを実行すると、先ほどの地図に比べて縦横2倍以上の大きさで描かれます（**図10-8-2**）。

　これは、「rcParams」というものの働きによるものです。このrcParamsは、pyplotで描かれるグラフの初期設定を管理するもので、このrcParamsの値を変更することでグラフの状態を変えられるようになっています。

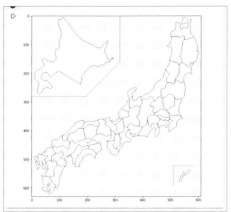

図10-8-2
実行すると地図が大きく表示される

　まぁ、このあたりはmatplotlibというグラフ作成モジュールがわかっていないと理解しにくいでしょう。ここでは、■のようにインポートして、「rcParams['figure.figsize']という値を変更すると地図の大きさを変えられる」(■)ということだけわかれば十分です。(10,10)に設定していますが、これが横縦の大きさを示します。デフォルトの大きさは(4，4)になりますので、それを念頭において数値を設定しましょう。

目盛りが気になる人は
　地図では左と下に目盛りが表示されています。これが気になる人は、消すこともできます。plt.imshow(picture())の前に以下を追記してください。

リスト10-8-3

```
01  rcParams["xtick.bottom"] = False
02  rcParams["ytick.left"] = False
03  rcParams["xtick.labelbottom"] = False
04  rcParams["ytick.labelleft"] = False
```

　これで左端と下端に表示されている目盛りが消えます。地図だけをすっきり表示させたいときに使うと良いでしょう。

このjapanmapの利点は、ただ白地図を表示するというだけでなく、それぞれの都道府県に色を付けて表示できる点にあります。これもサンプルを見ながら説明しましょう。

リスト10-9-1

```
01  rcParams['figure.figsize'] = (10,10)
02  data = {
03      '北海道':'blue',
04      '東京':(255,0,0),
05      '千葉':(0,255,0),
06      '大阪':(0,0,255),                    1
07      '愛知':(255,255,0),
08      '福岡':(0,255,255),
09      '宮城':(255,0,255)
10  }
11  plt.imshow(picture(data))
```

ここでは、北海道、東京、千葉、大阪、愛知、福岡、宮城にそれぞれ色を設定してあります。表示される色は、変数dataで設定しています（1）。ここでは辞書としてデータを作成しています。都道府県名をキーにして、色の値を用意しているのがわかるでしょう。

色の値は、'blue'というように色名をテキストで指定する他、RGB（Red、

図10-9-1　いくつかの都道府県に色を付けて表示する

Green、Blue）の各輝度をタプルにまとめて設定することもできます。1の場合、それぞれの色は0～255の範囲内で輝度を指定します。

こうして作成したdataをpictureの引数に指定することで、それぞれの都道府県の色を変更することができます。

10 コロナウイルスの 感染状況データを利用する

　データを上手く扱うことができれば、簡単にデータを白地図に表示させることができるようになります。ここでは例として、新型コロナウイルスの感染状況データを使ってみましょう。

　新型コロナウイルスに関するデータはさまざまなところで公開されています。ここでは、一般社団法人コード・フォー・ジャパンが運営する「COVID-19 Japan 新型コロナウイルス対策ダッシュボード」で公開されているデータを利用してみましょう。コード・フォー・ジャパンでは、感染情報のデータを JSON 形式で公開しています。アドレスは以下になります。

https://www.stopcovid19.jp/data/covid19japan.json

　ここから JSON データをダウンロードし、そこにある各都道府県のデータを取り出して辞書にまとめれば、それを japanmap で表示できるようになります。

　なお、コロナウイルス関連のデータ公開は、流行が収まると公開終了する可能性もあるため、サンプルデータを筆者運営の Firebase サイトで公開してあります。もし、上記のアドレスが終了していた場合は、以下のアドレスを利用してください。これは 2020 年 7 月 2 日の感染状況データです。

https://tuyano-dummy-data.firebaseio.com/covid.json

◌ JSONデータを取得しテーブル表示する

　まずは、Web サイトから JSON データを取得し、pandas の DataFrame を使ってテーブルにして表示させてみましょう。

リスト10-10-1

```
01  import requests
02  from pandas import DataFrame
03
04  url = 'https://www.stopcovid19.jp/data/covid19japan.json'
05
06  data = requests.get(url).json() ·················· ■1
07  df = DataFrame(data['area']) ·················· ■2
08  df ································································ ■3
```

```
[ ] 1 import requests
    2 from pandas import DataFrame
    3
    4 url = 'https://tuyano-dummy-data.firebaseio.com/covid.json'
    5
    6 data = requests.get(url).json()
    7 df = DataFrame(data['area'])
    8 df
```

	name	name_jp	ncurrentpatients	ndeaths	nexits	nheavycurrentpatients	ninspections	npatients	nunknowns
0	Hokkaido	北海道	97	99	1054	6	20719	1250	0
1	Aomori	青森県	0	1	26	0	981	27	0
2	Iwate	岩手県	0	0	0	0	942	0	0
3	Miyagi	宮城県	5	1	88	0	3751	94	0
4	Akita	秋田県	0	0	16	0	994	16	0
5	Yamagata	山形県	1	0	68	1	2541	69	0
6	Fukushima	福島県	1	0	81	0	6793	82	0
7	Ibaraki	茨城県	5	10	159	0	5283	174	0
8	Tochigi	栃木県	12	0	65	0	7113	76	-1
9	Gunma	群馬県	3	19	131	0	5045	153	0
10	Saitama	埼玉県	109	65	958	3	34582	1132	0

図10-10-1　感染状況のデータをテーブルとして表示する

　requests.getで指定のURLからコンテンツを取得し、jsonメソッドで
JSONデータをPythonのオブジェクトに変換したものを変数dataに取り出しま
す（■）。そして、その中からdata['area']の値をDataFrameに設定して（■）
テーブルを表示します（■）。data['area']には、JSONデータの中の各都道府
県のデータをまとめたものが保管されています。これをDataFrameの引数に指定
することで、都道府県のデータが一覧表となって表示されます。

感染者数をマップ表示する

　では、リスト10-10-1で作成されたDataFrameを使い、japanmapで都道府
県の感染者数を視覚化してみましょう。

リスト10-10-2

```
01 max = df['npatients'].max() ·························································■
02 patients = {}
03 for item in data['area']:
04   n = 255 -item['npatients'] / max * 512 ·······························■
05   patients[item['name_jp']] = (n, n, 255) ·······························■
06
07 rcParams['figure.figsize'] = (10,10)
08 plt.imshow(picture(patients))
```

　実行すると、都道府県ごとに感染者数を色の濃さで表します。最も感染者数が多
い東京がもっとも濃い青で表示され、感染者数が少なくなるほど青の色もうすく
なっていることがわかるでしょう。

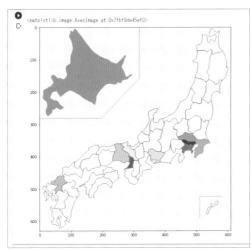

<matplotlib.image.AxesImage at 0x7fbf9de45ef0>

図10-10-2
都道府県の感染者数を視覚化する。色が
濃いほど感染者数が多い

感染者数は、各都道府県データの中に「npatients」というキーで用意されています。**1**では、df['npatients']から感染者数の最大値を取り出しています。

```
max = df['npatients'].max()
```

これで一番大きな値が変数maxに取り出されます。続いてforを使い、data['area']から順に都道府県データを取り出し、その'npatients'（感染者数）の値を辞書patientsに追加していきます。

```
for item in data['area']:
  n = 255 -item['npatients'] / max * 512
  patients[item['name_jp']] = (n, n, 255)
```

item['npatients'] / maxで、その都道府県の値が最大値と比べどれぐらいになるか計算しています。この値は、0〜1の実数になります。これに255をかければ、0〜255の範囲で値が得られます。ただし、患者数は東京が極端に多いため、そのままでは「東京だけ青く、他は全部白」という状態になりかねません。そこで0〜512の範囲で割合を計算し、255からその値を引くと東京の半分の値がゼロとなるように調整しています（**2**）。なお、色の値（輝度）はゼロ以下でもエラーにはなりません（ゼロ以下はすべてゼロと同じ扱い）。そして(n, n, 225)の形で指定することで（**3**）、nの値が低いほど濃い青で表示されています。

Chapter 10

11 テキストセルと組み合わせてレポート作成

　データを整理するDataFrame、マップ化するjapanmap。これらを素材として、更にテキストセルで説明文などを付け加えれば、立派なレポートが完成します。#@titleを使ってコードセルのプログラムを非表示にすれば、余計なコードを隠して、よりレポートらしい仕上がりになりますね！

　ただし、japanmapを利用する場合、ランタイムが終了すると、プログラムの再実行にはjapanmapのインストールが必要になります。したがって、レポートを見た人間が再実行させようとすると、japanmapが見つからずエラーになるかもしれません。

　再実行するプログラム自身の中に、「!pip install japanmap」を入れておき、再実行時には自動的にjapanmapをインストールしてから処理を行うようにするなどして、「パッケージの再インストールと実行プログラム」をセットで用意するように心がけましょう。

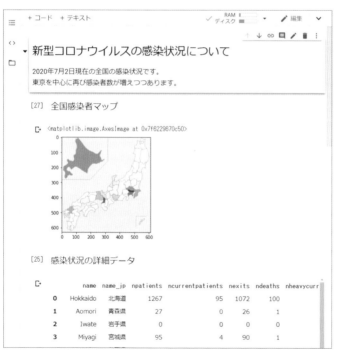

図10-11-1　テキストセル、japanmap、DataFrameを組み合わせることで立派なレポートが完成！

12 ポイントは「正規化」

　サンプルで利用したコロナウイルス感染状況データのように、都道府県のデータJSONなどで公開しているところはたくさんあります。こうしたサイトのデータを、この例のように DataFrame や japanmap で利用できれば、随分とビジュアルなレポートが作成できますね。

　こうしたデータをマップ化する際のポイントは「正規化」です。正規化というのは、データを一定のルールに従って変換する作業です。japanmap を使う場合、色の値は0〜255の範囲で指定しますから、データをこの範囲に収まるように正規化できればマップ化もうまくいくでしょう。

　そのためには、データをそのまま利用するのでなく、最大値と各都道府県の値の割合を計算する必要があります。DataFrame は、最大値は max メソッドで得られます。都道府県のデータを max で割り255倍すれば、0〜255の範囲の割合として値が得られます。それを都道府県名とともに辞書にまとめればいいのです。

　このテクニックが使えるようになると、大抵の都道府県データは japanmap でマップ化できるようになります。作成したサンプルプログラムを使い、「DataFrameのデータを正規化して辞書にまとめる」という流れをよく理解しておくようにしましょう。

INDEX

【プログラム】

著者プロフィール

掌田 津耶乃 (しょうだ つやの)

日本初のMac専門月刊誌『Mac+』の頃から主にMac系雑誌に寄稿する。ハイパーカードの登場により「ビギナーのためのプログラミング」に開眼。以後、Mac、Windows、Web、Android、iOSとあらゆるプラットフォームのプログラミングビギナーに向けた書籍を執筆し続ける。

- 近著：『Android Jetpack プログラミング』『Node.js超入門 第3版』『Python Django3超入門』『iOS/macOS UIフレームワーク SwiftUI プログラミング』『Ruby on Rails 6超入門』『PHP フレームワーク Laravel入門 第2版』（以上秀和システム）、『作りながら学ぶWeb プログラミング実践入門』（マイナビ出版）など。
- 著書一覧：https://www.amazon.co.jp/-/e/B004L5AED8/
- 筆者運営のWeb サイト：https://www.tuyano.com
- ご意見・ご感想：syoda@tuyano.com

STAFF

ブックデザイン	三宮 暁子 (Highcolor)
DTP	AP_Planning
編集	伊佐 知子

ブラウザだけで学べる

シゴトで役立つ やさしいPython入門

2020年9月20日　初版第1刷発行
2021年5月17日　　　第2刷発行

著者	掌田 津耶乃
発行者	滝口 直樹
発行所	株式会社マイナビ出版
	〒101-0003　東京都千代田区一ツ橋2-6-3 一ツ橋ビル 2F
	TEL：0480-38-6872（注文専用ダイヤル）
	TEL：03-3556-2731（販売）
	TEL：03-3556-2736（編集）
	E-Mail：pc-books@mynavi.jp
	URL：https://book.mynavi.jp
印刷・製本	シナノ印刷株式会社
